汉竹编著·亲亲乐读系列

坐月子一日三餐

杨桂莲 主编

汉竹图书微博
http://weibo.com/hanzhutushu

江苏凤凰科学技术出版社
全国百佳图书出版单位

早餐
上午
加餐
午餐
下午
加餐

前言

我是剖宫产，听说坐月子时跟顺产妈妈护理大有不同，哪里需要特别注意呢？

婆婆说“小米红糖就鸡蛋，月子好养不愁人”，真的是这样吗？

人参、水果到底能不能吃？如果能吃，怎么吃？

乳汁不足怎么补？什么时候补？

……

伴随着那一声响亮的啼哭，爸爸妈妈迎来了一生都要精心呵护的小天使。随着宝宝的降生，新妈妈的生活充满了朝气和欢乐。但是，产后不适与各种问题也接踵而来，面对着这样或那样的情况，新妈妈有些茫然无措、焦躁不安。

不用担心，翻开本书，新妈妈将会找到答案。本书为新妈妈详细介绍了产后6周的饮食宜忌，根据顺产妈妈、剖宫产妈妈、哺乳妈妈及非哺乳妈妈的进补特点给出了饮食建议。

本书精心地为新妈妈选配出坐月子42天的三餐食谱，每日的食谱均是根据产后新妈妈身体状况的变化制定的，遵循荤素搭配、营养丰富、进补合理的原则。新妈妈不用再为月子餐吃什么、怎么吃而发愁了。只要翻开本书中对应的那一天，参照食谱照着去做，就能让新妈妈和宝宝得到全面、科学的呵护。

同时，本书还贴心地给出月子中常见不适的“产后食疗方”，让新妈妈健康顺利地度过产褥期。

本书将会陪着新妈妈健康、科学、简单地吃完42天月子餐，轻松帮新妈妈搞定一日三餐。

PART 1

产后第1周

第1周饮食宜忌速查 14

- 宜清淡饮食 14
- 不宜进补人参 15
- 不宜喝咖啡和碳酸饮料 15
- 不宜天天喝浓汤 15

不同类型新妈妈本周进补方案 16

- 顺产妈妈 16
- 剖宫产妈妈 17
- 哺乳妈妈 17

第1周新妈妈吃点啥 18

产后第1天 18

- **早餐** 牛奶红枣粥 18
- **午餐** 珍珠三鲜汤 19
- **下午加餐** 荠菜粥 19
- **晚餐** 什锦面 19

产后第2天 20

- **早餐** 红糖小米粥 20
- **上午加餐** 红枣莲子糯米粥 21
- **午餐** 芪归炖鸡汤 21
- **午餐** 西芹百合 22
- **下午加餐** 肉末蒸蛋 22
- **晚餐** 山药粥 23
- **晚餐** 当归鲫鱼汤 23

产后第3天 24

- **早餐** 豆浆莴笋汤 24
- **上午加餐** 生化汤 25
- **上午加餐** 红薯粥 25
- **午餐** 猪排黄豆芽汤 26
- **下午加餐** 紫菜汤 26
- **晚餐** 西红柿菠菜面 27
- **晚餐** 黑芝麻瘦肉汤 27

产后第4天 28

- **早餐** 鸡蓉玉米羹 28
- **午餐** 蛤蜊豆腐汤 29
- **下午加餐** 木瓜牛奶露 29
- **晚餐** 胡萝卜小米粥 29

产后第5天 30

- **早餐** 干贝冬瓜汤 30
- **上午加餐** 香蕉百合银耳汤 31
- **午餐** 什菌一品煲 31
- **晚餐** 西红柿烧豆腐 31

产后第6天 32

- **早餐** 虾仁馄饨 32
- **上午加餐** 黄花豆腐瘦肉汤 33
- **午餐** 鲈鱼豆腐汤 33
- **午餐** 蔬菜豆皮卷 34
- **下午加餐** 归枣牛筋花生汤 34
- **晚餐** 乌鸡糯米粥 35
- **晚餐** 西蓝花鹌鹑蛋汤 35

产后第7天 36

- **早餐** 面条汤卧蛋 36
- **上午加餐** 银鱼苋菜汤 37
- **午餐** 猪肝油菜粥 37
- **午餐** 香油芹菜 38
- **午餐** 薏米红枣百合汤 38
- **晚餐** 莲子猪肚汤 39
- **晚餐** 虾皮豆腐 39

PART 2
产后第 2 周

第 2 周饮食宜忌速查 42
- 宜保持饮食多样化 42
- 宜适量吃香油 43
- 宜多吃水果、蔬菜 43
- 宜适量吃山楂 43
- 不宜吃辛辣燥热食物 44
- 不宜过早吃醪糟蒸蛋 44
- 不宜吃巧克力 44
- 不宜食用腌制食物和酒 45
- 不宜补钙过晚 45
- 不宜多喝红糖水 45

不同类型新妈妈本周进补方案 46
- 顺产妈妈 46
- 剖宫产妈妈 47
- 哺乳妈妈 47

第 2 周新妈妈吃点啥 48

产后第 8 天 48
- **早餐** 牛奶银耳小米粥 48
- **上午加餐** 五彩玉米羹 49
- **午餐** 枸杞子鲜鸡汤 49
- **午餐** 海带炒干丝 50
- **下午加餐** 香菇瘦肉粥 50
- **晚餐** 鲜蔬紫米羹 51
- **晚餐** 银鱼炒豆芽 51

产后第 9 天 52
- **早餐** 鸡蛋红枣羹 52
- **午餐** 木耳炒鸡蛋 53
- **午餐** 三丝黄花羹 53
- **午餐** 莲子玉米面发糕 54
- **下午加餐** 什锦海鲜面 54
- **晚餐** 西红柿鸡蛋羹 55
- **晚餐** 牛肉粉丝汤 55

产后第 10 天 56
- **早餐** 三鲜馄饨 56
- **午餐** 猪蹄茭白汤 57
- **下午加餐** 核桃百合粥 57
- **晚餐** 瘦肉冬瓜汤 57

产后第 11 天 58
- **早餐** 牛肉卤面 58
- **午餐** 红豆排骨汤 59
- **午餐** 羊肝炒荠菜 59
- **午餐** 海带焖饭 60
- **下午加餐** 火龙果酸奶汁 60
- **晚餐** 豆腐馅饼 61
- **晚餐** 奶油白菜 61

产后第 12 天 62
- **早餐** 紫菜包饭 62
- **午餐** 芹菜牛肉丝 63
- **下午加餐** 莼菜鲤鱼汤 63
- **晚餐** 明虾炖豆腐 63

产后第 13 天 64
- **早餐** 苹果绿豆粥 64
- **上午加餐** 荔枝粥 65
- **午餐** 木瓜煲牛肉 65
- **午餐** 五香酿西红柿 66
- **下午加餐** 酸奶草莓露 66
- **晚餐** 炒红薯泥 67
- **晚餐** 核桃仁爆鸡丁 67

产后第 14 天 68
- **早餐** 牛肉饼 68
- **午餐** 鲢鱼丝瓜汤 69
- **下午加餐** 木耳红枣瘦肉汤 69
- **晚餐** 桃仁莲藕汤 69

PART 3

产后第 3 周

第 3 周饮食宜忌速查 72

- 宜及时补充体内水分 72
- 宜加强进补 73
- 宜多吃芝麻 73
- 宜吃清火食物 73
- 不宜过多吃甜食 74
- 不宜晚餐吃得过饱 74
- 不宜只吃一种主食 74
- 不宜完全限制盐的摄入 75
- 不宜盲目补钙 75
- 不宜一次摄入过量水分 75

不同类型新妈妈本周进补方案 76

- 顺产妈妈 76
- 剖宫产妈妈 77
- 哺乳妈妈 77

第 3 周新妈妈吃点啥 78

产后第 15 天 78
- **早餐** 西红柿面疙瘩 78
- **上午加餐** 红枣枸杞粥 79
- **午餐** 猪蹄肉片汤 79
- **午餐** 胡萝卜菠菜炒饭 80
- **下午加餐** 什锦水果羹 80
- **晚餐** 豌豆炒鱼丁 81
- **晚餐** 通草鲫鱼汤 81

产后第 16 天 82
- **早餐** 红豆黑米粥 82
- **午餐** 牛肉炒菠菜 83
- **下午加餐** 黑芝麻杏仁粥 83
- **晚餐** 玉米香菇虾肉饺 83

产后第 17 天 84
- **早餐** 雪菜肉丝面 84
- **上午加餐** 白斩鸡 85
- **午餐** 清炒黄豆芽 85
- **午餐** 豆腐鲤鱼汤 86
- **下午加餐** 红枣花生乳鸽汤 86
- **晚餐** 三丝牛肉 87
- **晚餐** 猪骨萝卜汤 87

产后第 18 天 88
- **早餐** 西红柿胡萝卜汁 88
- **早餐** 莲藕瘦肉麦片粥 89
- **上午加餐** 葡萄干粥 89
- **午餐** 苹果炒牛肉片 90
- **午餐** 胡萝卜牛蒡排骨汤 90
- **下午加餐** 阿胶核桃红枣羹 91
- **晚餐** 西红柿菠菜蛋花汤 91

产后第 19 天 92
- **早餐** 鱼头香菇豆腐汤 92
- **午餐** 春笋蒸蛋 93
- **下午加餐** 银耳樱桃粥 93
- **晚餐** 海带豆腐汤 93

产后第 20 天 94
- **早餐** 莴笋猪肉粥 94
- **上午加餐** 红豆西米露 95
- **午餐** 什锦西蓝花 95
- **午餐** 菠菜玉米楂粥 96
- **下午加餐** 鲤鱼红枣汤 96
- **晚餐** 莲子薏米煲鸭汤 97
- **晚餐** 黄花菜瘦肉粥 97

产后第 21 天 98
- **早餐** 奶香麦片粥 98
- **午餐** 豌豆排骨粥 99
- **下午加餐** 茼蒿汁 99
- **晚餐** 香菇玉米粥 99

PART 4
产后第 4 周

第 4 周饮食宜忌速查 102
- 宜吃杜仲 102
- 宜吃鳝鱼补体虚 103
- 宜吃豆腐助消化 103
- 宜吃玉米增体质 103
- 不宜随便使用中药 104
- 不宜食用易过敏食物 104
- 不宜只喝汤不吃肉 105
- 不宜吃性寒、凉的水果 105
- 不宜空腹喝酸奶 105

不同类型新妈妈本周进补方案 106
- 顺产妈妈 106
- 剖宫产妈妈 107
- 哺乳妈妈 107
- 非哺乳妈妈 107

第 4 周新妈妈吃点啥 108

产后第 22 天 108
- **早餐** 香菇鸡汤面 108
- **上午加餐** 海参当归汤 109
- **午餐** 鲜虾粥 109
- **午餐** 板栗烧牛肉 110
- **下午加餐** 桂圆红枣汤 110
- **晚餐** 干拌胡萝卜丝 111
- **晚餐** 豆浆小米粥 111

产后第 23 天 112
- **早餐** 南瓜油菜粥 112
- **午餐** 胡萝卜蘑菇汤 113
- **下午加餐** 红枣牛蒡汤 113
- **晚餐** 莲藕炖牛腩 113

产后第 24 天 114
- **早餐** 二米粥 114
- **上午加餐** 鸡腿紫菜汤 115
- **午餐** 麻油鸡 115
- **午餐** 枣莲三宝粥 116
- **下午加餐** 鳝鱼粉丝煲 116
- **晚餐** 牛肉萝卜汤 117
- **晚餐** 山药炖排骨 117

产后第 25 天 118
- **早餐** 芦荟猕猴桃粥 118
- **上午加餐** 玉米香蕉芝麻糊 119
- **午餐** 荔枝红枣粥 119
- **午餐** 菠萝鸡片 120
- **下午加餐** 火龙果西米饮 120
- **晚餐** 红提柚子汁 121
- **晚餐** 西红柿牛肉粥 121

产后第 26 天 122
- **早餐** 黑芝麻大米粥 122
- **上午加餐** 红枣木耳汤 123
- **午餐** 当归生姜羊肉煲 123
- **午餐** 鸭血豆腐 124
- **下午加餐** 肉丸粥 124
- **晚餐** 姜枣枸杞乌鸡汤 125
- **晚餐** 虾仁粥 125

产后第 27 天 126
- **早餐** 西红柿豆腐汤 126
- **午餐** 豆角烧荸荠 127
- **下午加餐** 百合莲子桂花饮 127
- **晚餐** 虾米炒芹菜 127

产后第 28 天 128
- **早餐** 排骨汤面 128
- **上午加餐** 三丁豆腐羹 129
- **午餐** 杜仲猪腰汤 129
- **午餐** 肉片炒蘑菇 130
- **下午加餐** 平菇小米粥 130
- **晚餐** 玉米西红柿羹 131
- **晚餐** 木瓜烧带鱼 131

PART 5
产后第 5 周

第 5 周饮食宜忌速查 134
- ✓ 宜吃红色蔬菜 134
- ✓ 宜补充维生素 B_1 防脱发 135
- ✗ 不宜过量食用坚果 135
- ✗ 不宜吃零食 135

不同类型新妈妈本周进补方案 136
- 顺产妈妈 136
- 剖宫产妈妈 137
- 哺乳妈妈 137
- 非哺乳妈妈 137

第 5 周新妈妈吃点啥 138

产后第 29 天 138
- **早餐** 田园蔬菜粥 138
- **午餐** 芦笋炒肉丝 139
- **下午加餐** 花生鸡爪汤 139
- **晚餐** 娃娃菜豆腐汤 139

产后第 30 天 140
- **早餐** 莲子芡实粥 140
- **上午加餐** 鸡肝粥 141
- **午餐** 冰糖枸杞炖肘子 141
- **午餐** 芹菜炒香菇 142
- **下午加餐** 菠菜橙汁 142
- **晚餐** 虾酱蒸鸡翅 143
- **晚餐** 如意蛋卷 143

产后第 31 天 144
- **早餐** 山药黑芝麻羹 144
- **午餐** 西红柿鸡片 145
- **下午加餐** 猕猴桃芒果汁 145
- **晚餐** 木耳炒鱿鱼 145

产后第 32 天 146
- **早餐** 奶香玉米饼 146
- **上午加餐** 鲢鱼小米粥 147
- **午餐** 蛋奶炖布丁 147
- **午餐** 猪蹄粥 148
- **下午加餐** 玫瑰草莓露 148
- **晚餐** 丝瓜粥 149
- **晚餐** 糖醋西葫芦丝 149

产后第 33 天 150
- **早餐** 玉米胡萝卜粥 150
- **午餐** 薏米西红柿炖鸡 151
- **下午加餐** 葡萄雪梨酸奶 151
- **晚餐** 芒果炒虾仁 151

产后第 34~35 天 152
- **早餐** 奶汁百合鲫鱼汤 152
- **上午加餐** 黄豆莲藕排骨汤 153
- **午餐** 茭白炖排骨 153
- **午餐** 银耳桂圆莲子汤 154
- **下午加餐** 白萝卜鲜藕汁 154
- **晚餐** 冬瓜西红柿炒面 155
- **晚餐** 柚子猕猴桃汁 155

PART 6

产后第 6 周

第 6 周饮食宜忌速查 158

- 宜适量吃木耳 158
- 宜适当吃些瓜皮 159
- 不宜产后多吃少动 159
- 不宜在贫血时瘦身 159

不同类型新妈妈本周进补方案 160

- 顺产妈妈 160
- 剖宫产妈妈 161
- 哺乳妈妈 161
- 非哺乳妈妈 161

第 6 周新妈妈吃点啥 162

产后第 36 天 162

- **早餐** 糙米红薯南瓜粥 162
- **上午加餐** 薏米绿豆糙米粥 .. 163
- **午餐** 炒豆皮 163
- **午餐** 鲷鱼豆腐汤 164
- **下午加餐** 木瓜竹荪炖排骨 ... 164
- **晚餐** 莲藕拌黄花菜 165
- **晚餐** 荠菜魔芋汤 165

产后第 37 天 166

- **早餐** 燕麦南瓜粥 166
- **午餐** 冬笋香菇扒油菜 167
- **下午加餐** 冬瓜蜂蜜汁 167
- **晚餐** 丝瓜虾仁糙米粥 167

产后第 38 天 168

- **早餐** 油菜豆腐汤 168
- **午餐** 什锦果汁饭 169
- **下午加餐** 樱桃虾仁沙拉 169
- **晚餐** 鸡胸肉扒小白菜 169

产后第 39 天 170

- **早餐** 西葫芦饼 170
- **上午加餐** 茄丁面 171
- **午餐** 三鲜水饺 171
- **午餐** 香菇鸡翅 172
- **下午加餐** 玉竹百合苹果羹 ... 172
- **晚餐** 清蒸鲈鱼 173
- **晚餐** 红豆饭 173

产后第 40 天 174

- **早餐** 泥鳅红枣汤 174
- **午餐** 清蒸虾 175
- **下午加餐** 白萝卜海带汤 175
- **晚餐** 鳗鱼饭 175

产后第 41~42 天 176

- **早餐** 鱼丸苋菜汤 176
- **上午加餐** 冬瓜海米汤 177
- **午餐** 豆芽木耳汤 177
- **午餐** 拌绿豆芽 178
- **下午加餐** 竹荪红枣茶 178
- **晚餐** 薏米绿豆粥 179
- **晚餐** 菠菜鱼片汤 179

PART 1
产后常见不适的食疗方

助排恶露 182
桃仁枸杞子紫米粥 182
山楂红糖饮 182
阿胶鸡蛋羹 182
催乳 183
黄豆猪蹄汤 183
牛奶鲫鱼汤 183
鲜鲤鱼汤 183
缓解乳房胀痛 184
胡萝卜炒豌豆 184
花椒红糖饮 184
丝瓜炖豆腐 184
补血 185
三色补血汤 185
猪肝红枣粥 185
红枣百合汤 185
补钙 186
芋头排骨汤 186
南瓜虾皮汤 186
胡萝卜虾泥馄饨 186
瘦身 187
魔芋菠菜汤 187
芹菜茭白汤 187
海带烧黄豆 187
预防产后便秘 188
蜜汁山药条 188
蒜蓉蒿子杆 188
菊瓣银耳羹 188
抗产后抑郁 189
菠菜鸡煲 189
香蕉煎饼 189
蜂蜜芝麻糊 189

附录　坐月子期间慎用食品一览表 190

PART 1

产后第1周

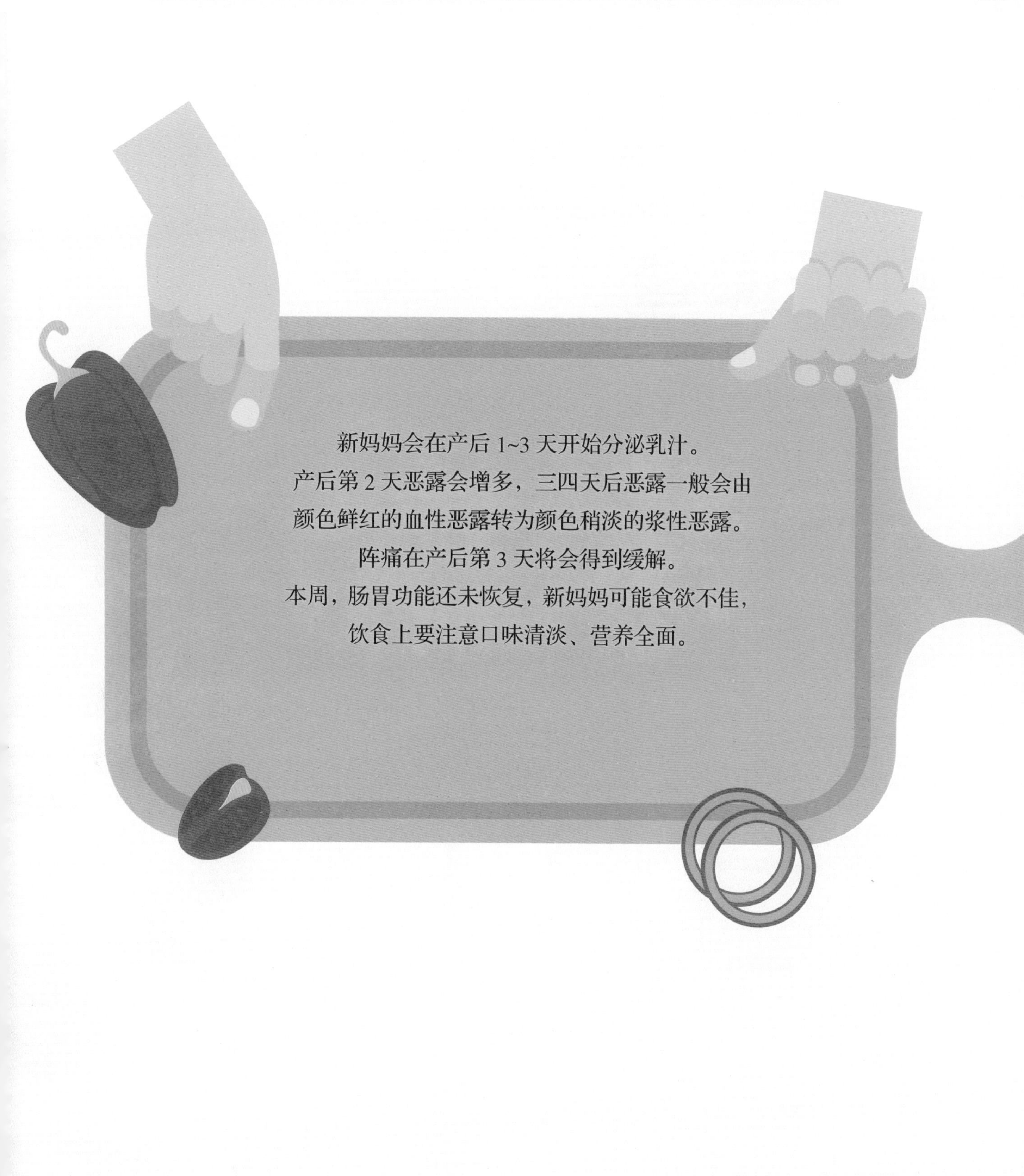
新妈妈会在产后 1~3 天开始分泌乳汁。
产后第 2 天恶露会增多，三四天后恶露一般会由
颜色鲜红的血性恶露转为颜色稍淡的浆性恶露。
阵痛在产后第 3 天将会得到缓解。
本周，肠胃功能还未恢复，新妈妈可能食欲不佳，
饮食上要注意口味清淡、营养全面。

第1周饮食宜忌速查

新妈妈刚刚进行了一场重体力劳动——分娩，消耗了不少体力，家人一定为新妈妈准备了很多补养食品，但因为产后特殊的生理现象，此时的进补要更为慎重，不宜大补，而且药补不如食补，所以，营养师建议，本周宜吃些清淡、开胃的食物和排恶露的食物。

宜清淡饮食

产后第1周，新妈妈的肠胃功能还没有复原，所以，进补不是本周的主要目的，饮食应易于消化、吸收，以利于胃肠的恢复。比如清淡的鱼汤、蔬菜汤、蛋花汤等，主食可以吃些馒头、面条、米饭等。

营养师给新妈妈的私信

- 饮食以开胃为主，胃口好，才会食之有味，吸收也好。
- 忌油腻，宜选择口味清淡的细软温热食物。
- 不可立刻催乳，一周内的宝宝食量不大，新妈妈正常的泌乳量可以满足需求，若马上催乳容易引起乳腺炎。

宜恰当饮用生化汤

生化汤是一种传统的产后方，能“生”出新血，“化”去旧瘀，可以帮助新妈妈排出恶露，但饮用不能过量，分娩后3天再喝。

不宜进补人参

有些新妈妈为了恢复体力，服用人参滋补，这样对健康并不利。因为人参中所含的人参皂苷对中枢神经系统、心脏及血液循环有兴奋作用，会使新妈妈出现失眠、烦躁、心神不宁等症状。人参还会促进血液循环，可使有内、外生殖器官损伤的新妈妈出血量增加。

不宜喝咖啡和碳酸饮料

咖啡中含咖啡因，是一种兴奋剂。它主要对中枢神经系统产生作用，会刺激心脏肌肉收缩，加速心跳及呼吸。如果哺乳妈妈喝太多的咖啡，会导致宝宝通过母乳摄取到咖啡因，出现烦躁、心跳加快、呼吸急促等症状。所以，新妈妈一定要尽量克制。

另外，碳酸饮料中的碳酸容易和人体的钙结合形成碳酸钙，一方面导致钙流失，另一方面碳酸钙不容易被人体吸收，有些碳酸饮料还含有大量咖啡因，同样对宝宝健康不利。

不宜天天喝浓汤

产后不宜天天喝浓汤，即脂肪含量很高的汤，如排骨汤，因为摄入过多的脂肪不仅让新妈妈身体发胖，也会影响宝宝消化。新妈妈应适当喝些富含蛋白质、维生素、钙、铁、锌等营养素的高汤，如蔬菜汤，而且要汤、菜一同吃。

不同类型新妈妈本周进补方案

坐好月子，身体才能更快地恢复，才能早日承担带宝宝的任务。营养师提醒新妈妈，想坐好月子，要根据分娩方式、喂奶方式、季节、体质、南北方差异等，按照自己的情况采取进补方法，比参照别人坐月子的方式更好、更舒服、更有效。

本周必备食材单品

1. **山楂** 排恶露
2. **红糖** 补血
3. **当归** 促排恶露
4. **苹果** 产后第一水果
5. **南瓜** 排毒

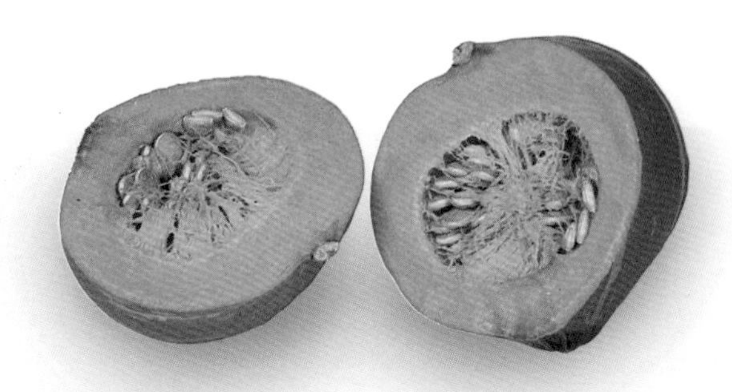

顺产妈妈

顺产妈妈由于分娩时消耗了巨大精力，同时也消耗了大量的能量，因此产后初期会感到疲乏无力，面色苍白，易出虚汗，且胃肠功能也趋于紊乱，出现食欲缺乏、食而无味等现象。顺产妈妈可以喝些清淡的鱼汤、鸡汤等，主食可以吃些面条、米粥、米饭等。另外，新鲜蔬菜和水果，如油菜、南瓜、苹果、香蕉等也可刺激新妈妈的食欲。

新妈妈食用南瓜粥能补充身体所需的能量和营养素，促进身体恢复。

剖宫产妈妈

由于剖宫产手术中肠管受到刺激而使肠道功能受损，导致肠蠕动变慢，肠腔内出现积气现象，术后新妈妈会有腹胀感，马上进食会造成便秘。因此，术后 6 小时内不宜进食。应在 6 小时后喝一点温开水，以刺激肠蠕动，达到促进排气、减少腹胀的目的。待排气之后方可进食流食。

哺乳妈妈

产后新妈妈过早喝催乳汤，乳汁下来过快过多，新生儿又吃不了那么多，容易造成浪费，还会使新妈妈乳管堵塞而出现乳房胀痛。但若喝催乳汤过迟，乳汁下来过慢过少，也会使新妈妈因无奶而心情紧张，泌乳量会进一步减少，形成恶性循环。一般应在分娩后的第 2 周开始给新妈妈喝些鲤鱼汤、猪蹄汤等下奶的汤，也可吃些豆腐、木瓜等下奶食物。

剖宫产后一周的饮食应以清淡营养的流食为主。

吃些豆腐可以提高哺乳妈妈的乳汁质量。

第 1 周新妈妈吃点啥

本周新妈妈身体虚弱、胃口很差，饮食的重点在于开胃，不应急于进补。

产后第 1 天

无论是自然分娩还是剖宫产，产后最初几天，新妈妈似乎对“吃”都提不起兴趣。因为身体虚弱，胃口会非常差。本阶段的重点是开胃而不是滋补，新妈妈胃口好，才能恢复得又快又好。

新妈妈一日营养食谱搭配推荐

早餐	上午加餐	午餐	下午加餐	晚餐
牛奶红枣粥 1 碗 煮鸡蛋 1 个	草莓藕粉 1 杯 蒸苹果半个	蒸南瓜 1 块 珍珠三鲜汤 1 碗 清炒芥蓝 1 份	荠菜粥 1 碗	什锦面 1 碗 麻油猪肝汤 1 碗

- 新妈妈千万不要偏食、挑食，粗粮和细粮都要吃，不能只吃精米、精面，还要搭配杂粮。
- 注意荤素搭配，这样既可保证各种营养的摄取，又能提高食物的营养价值。

牛奶红枣粥

补血 补虚

营养功效：牛奶含有较多的钙，红枣可补血补虚，两种食材一起煮粥，是一道既营养又美味的产后初期补品。

原料：大米 50 克，牛奶 250 毫升，红枣 3 颗。

做法：

1. 红枣洗净，取出枣核备用；大米洗净，用清水浸泡 30 分钟。
2. 锅内加入清水，放入淘洗好的大米，大火煮沸后转小火煮 30 分钟，至大米绵软。
3. 再加入牛奶和红枣，小火慢煮至米烂粥稠即可。

珍珠三鲜汤

营养功效：鸡肉的脂肪含量少，铁、蛋白质和维生素的含量却很高，容易消化，有益五脏；胡萝卜中所含的特别营养素——β-胡萝卜素，有补肝明目的作用。

护肝 开胃

原料：鸡胸肉100克，胡萝卜丁、豌豆、西红柿丁各50克，蛋清1个，盐、水淀粉各适量。

做法：

1 鸡胸肉洗净后剁成鸡肉泥，加入蛋清、水淀粉一起搅拌。

2 将豌豆、胡萝卜丁、西红柿丁放入锅中，加清水，待煮沸后改成小火慢炖至豌豆绵软。

3 用筷子把拌好的鸡肉泥拨成珍珠大小的丸子，下入锅中用大火将汤再次煮沸，出锅前放盐调味即可。

荠菜粥

下午加餐

营养功效：荠菜有补虚止血的妙用，新妈妈食用后可增强体质。

均衡营养 养身

原料：大米30克，荠菜50克，盐适量。

做法：

1 大米洗净，浸泡30分钟；荠菜择洗干净，切小段。

2 锅中加适量水，放入泡好的大米小火熬煮。

3 待水沸后放入荠菜段同煮，待大米完全开花后放盐调味即可。

什锦面

营养功效：什锦面含有多种营养素，易于消化，适合新妈妈产后初期调养身体、恢复体力之用。

均衡营养 养身

原料：面条100克，鸡肉末50克，鸡蛋1个，鲜香菇、豆腐、胡萝卜、海带丝各20克，香油、盐、鸡骨头、葱花各适量。

做法：

1 鸡骨头和海带丝一起熬汤；豆腐切长条；鲜香菇、胡萝卜洗净，切丝。

2 鸡肉末和蛋清拌匀，制成丸子，用开水汆熟。

3 把面条放入熬好的汤中煮熟，放入上述食材及葱花、盐、香油煮开即可。

晚餐

产后第 2 天

有些新妈妈会发现身体排出了大量鲜红色的含有小血块的液体，这是由血液、蜕膜组织及黏液组成的血性恶露，产后第 2 天恶露增多是正常现象，新妈妈不用太过担心，吃些益气补血的食物，如红糖水、红糖小米粥等，可帮助新妈妈子宫收缩、促进恶露排出。

新妈妈一日营养食谱搭配推荐

早餐
红糖小米粥 1 碗
蒸苹果半个

上午加餐
红枣莲子糯米粥 1 碗

午餐
馒头 1 个
芪归炖鸡汤 1 碗
西芹百合 1 份

下午加餐
香蕉 1 根
肉末蒸蛋 1 碗

晚餐
山药粥 1 碗
当归鲫鱼汤 1 碗

- 新妈妈不要急于喝老母鸡汤、猪蹄汤等脂肪含量高的汤，可以喝些蛋汤、鱼汤等清淡的汤品。
- 新妈妈注意补充维生素 C，对会阴侧切的顺产妈妈伤口、剖宫产妈妈伤口愈合都有好处。

红糖小米粥

补血 补虚

营养功效：红糖、小米是坐月子常见的食材，红糖有补血功效，小米可健脾胃、补虚损，适宜刚生产完的新妈妈食用，能帮助新妈妈补气血、促恢复。

原料：小米 100 克，红糖适量。

做法：

1 将小米洗净，放入锅中加适量清水大火烧开，转小火慢慢熬煮至小米开花。

2 加入红糖搅拌均匀，继续熬煮几分钟即可。

红糖性温，有排毒滋润的作用。

糯米不易消化，
不宜吃太多。

红枣莲子糯米粥

营养功效：糯米有健脾益气、调和气血的功效；红枣补中益气、养血安神；莲子能帮助新妈妈静心安养。

健脾胃 调气血

原料：糯米 50 克，红枣 5 颗，莲子 5 克。

做法：

1 红枣洗净；糯米洗净，用清水浸泡 1 小时；莲子用温水洗净。

2 将浸泡好的糯米、洗净的莲子和红枣放入锅中，将泡糯米的水一同倒入锅内。

3 先用大火煮沸，转小火继续熬煮至汤汁黏稠即可。

芪归炖鸡汤

营养功效：黄芪和当归同食，有利于产后子宫复原、恶露排除，但有高血压的新妈妈慎用。

益气生血 补益五脏

原料：公鸡 1 只，黄芪 10 克，当归 5 克，盐适量。

做法：

1 公鸡处理干净，用清水冲洗，剁成块；黄芪去粗皮，与当归分别洗净。

2 砂锅中加水后放入公鸡块，烧开后撇去浮沫。

3 加黄芪、当归，小火炖 2 小时左右；加入盐，再炖 2 分钟即可。

鸡汤加黄芪、当归具有益气生血的作用。

西芹百合

营养功效：西芹中含有铁元素，能够帮助新妈妈补血、养血。

补血 促食欲

原料：西芹 200 克，鲜百合 50 克，盐、水淀粉、红椒丝、黄椒丝各适量。
做法：

1 西芹洗净，择去叶、老筋，切成段；鲜百合去蒂，掰成小片。

2 油锅烧热，下入西芹段翻炒至熟，放入百合片、盐翻炒均匀，倒入水淀粉勾芡，盛出后用红椒丝、黄椒丝点缀即可。

西芹可补充精力，减轻产后的疲劳感。

肉末蒸蛋

营养功效：猪瘦肉中含有铁元素，能够滋阴、补血，鸡蛋营养丰富且易于吸收，适合新妈妈产后初期食用。

补血 滋阴

原料：鸡蛋 2 个，猪瘦肉 50 克，水淀粉、酱油、盐各适量。
做法：

1 将鸡蛋打散；猪瘦肉剁成肉末。

2 蛋液中加入适量清水，上锅隔水蒸熟。

3 油锅烧热，下入猪瘦肉末炒至松散出油，放入酱油炒匀，加水淀粉勾芡。

4 将炒好的肉末浇在蒸好的蛋羹上即可。

下午加餐

这道菜维生素 A 含量高，对新妈妈有良好的滋补之效。

山药粥

营养功效：山药可以健脾胃，适宜产后肠胃功能较差的新妈妈食用。

健脾胃　助消化

原料：大米 30 克，山药 20 克，白糖适量。

做法：

1 将大米洗净，用清水浸泡 30 分钟；山药去皮、洗净，切成小块。

2 将大米及泡米水放入锅中，下入山药块一同煮成粥。

3 煮到大米软烂，加入白糖稍煮片刻即可。

当归鲫鱼汤

营养功效：当归能益气补血，鲫鱼能帮助恶露排出，当归鲫鱼汤对产后元气损伤的新妈妈很有益处。

补血　补气

原料：当归 10 克，鲫鱼 1 条，葱花、盐各适量。

做法：

1 鲫鱼去鳞、去内脏，洗净后均匀抹上盐，腌制 10 分钟。

2 当归洗净，浸泡 30 分钟，取出切成薄片。

3 油锅烧热，将鲫鱼略煎，当归片放入锅中，加入浸泡当归的水，大火烧开后转小火炖 20 分钟，出锅前加入葱花即可。

鱼腹中塞入适量姜片熬汤，可降低鱼腥味。

产后第 3 天

一般在产后第 3 天，新妈妈就开始分泌乳汁了，新妈妈应及时补充水分，保证乳汁充足，饮食上要做到营养均衡全面，补充足量的蛋白质、脂肪、维生素等营养素，以提高乳汁的质量，满足宝宝生长发育的需求。

新妈妈一日营养食谱搭配推荐

早餐	上午加餐	午餐	下午加餐	晚餐
馒头 1 个 煮鸡蛋 1 个 豆浆莴笋汤 1 碗	生化汤 1 碗 红薯粥 1 碗	猪排黄豆芽汤 1 碗 肉片炒笋片 1 份 米饭 1 碗	紫菜汤 1 碗 红枣 5 颗	西红柿菠菜面 1 碗 黑芝麻瘦肉汤 1 碗

- 新妈妈哺乳需要摄入大量水分，喝汤是较好的选择，汤中含有水溶性维生素，更易于被人体吸收。
- 生化汤不宜早喝，否则容易增大出血量，宜产后第 3 天以后再服用。不要过早喝催乳汤，否则容易胀奶，甚至还可能患上乳腺炎。

豆浆莴笋汤

早餐

滋阴 补虚

营养功效：豆浆营养丰富且易于消化，能够滋阴润燥、补虚增乳。

原料：莴笋 100 克，豆浆 200 毫升，姜片、葱段、盐各适量。

做法：

1. 莴笋茎去皮，洗净，切成条；莴笋叶择洗干净，切成段。
2. 油锅烧热，放入姜片、葱段煸香，下入莴笋条、盐，大火炒至八成熟。
3. 拣去葱段、姜片，放入莴笋叶段略炒片刻，倒入豆浆，大火煮至食材熟透即可。

此汤清淡可口。可帮助新妈妈开胃促食欲。

生化汤

营养功效：生化汤能活血散瘀，可预防产后恶露不净。

活血 去恶露

上午加餐

产后喝生化汤不要超过 2 个星期。

原料：川芎 6 克，黑姜 10 克，甘草 3 克，当归、桃仁各 15 克，大米 100 克，红糖适量。

做法：

1. 大米淘洗干净，用清水浸泡 30 分钟。
2. 将当归、桃仁、黑姜、甘草混合，加 10 倍的水，一起煎煮 30 分钟，去渣取汁。
3. 用药汁将淘洗干净的大米熬煮成稀粥，调入红糖即可。

红薯粥

营养功效：红薯煮粥，味甘甜，能够引起新妈妈的食欲，而且富含维生素 A，对新妈妈和宝宝的眼睛都很有益处。

开胃 明目

原料：红薯 100 克，大米 50 克。

做法：

1. 红薯洗净，去皮切成块；大米洗净，用清水浸泡 30 分钟。
2. 将泡好的大米和红薯块放入锅中同煮，大火煮沸后转小火熬煮至米烂粥稠即可。

红薯可促进肠蠕动，帮助消化，改善产后便秘。

上午加餐

猪排黄豆芽汤

营养功效：黄豆芽有补血养气的作用，对产后便秘也有一定的作用，可以帮助新妈妈的身体尽快恢复。

补血养气

防便秘

原料：排骨250克，黄豆芽100克，葱段、姜片、盐各适量。
做法：

1 排骨洗净，斩成小段，汆水去血污，捞出用水洗净。

2 砂锅中放入适量水，将汆烫好的排骨段、葱段、姜片放入砂锅内，小火慢炖1小时。

3 将黄豆芽放入，大火煮沸后转小火继续炖至黄豆芽熟透，拣去葱段、姜片，加盐调味即可。

要用新鲜的黄豆芽煲汤，黄豆芽不宜隔夜存放。

午餐

紫菜汤

营养功效：紫菜富含胆碱、铁和钙，能有效治疗贫血，紫菜中还有丰富的碘，可以促进新妈妈新陈代谢，帮助产后恢复，还可通过乳汁帮助宝宝的骨骼、大脑发育。

补气血

补碘

原料：紫菜10克，盐、葱花、香油各适量。
做法：

1 将紫菜撕成小片，清水浸泡1分钟，洗去杂质。

2 锅中加水，放入紫菜片烧开，加盐调味。

3 出锅前撒上葱花、淋上香油即可。

下午加餐

加点虾皮可以给宝宝间接补钙。

西红柿菠菜面

营养功效：西红柿含有番茄红素、多种维生素及膳食纤维，且口感酸甜，适宜产后食欲不佳的新妈妈食用，可起到开胃、补营养的作用。

开胃

补营养

原料：面条100克，西红柿、菠菜各50克，鸡蛋1个，盐适量。

做法：

1 西红柿洗净，切块；菠菜洗净，切段；鸡蛋打散成鸡蛋液。

2 油锅烧热，放入西红柿块煸炒出汁，加入清水煮开，下入面条煮至面条熟透。

3 淋入鸡蛋液，放入菠菜段，大火煮开后加盐调味即可。

黑芝麻瘦肉汤

营养功效：黑芝麻有通便、通乳的功能，猪瘦肉中铁、蛋白质含量丰富，此汤能很好地帮助新妈妈和宝宝补充营养。

通便

通乳

原料：猪瘦肉200克，熟黑芝麻10克，胡萝卜、姜片、盐各适量。

做法：

1 猪瘦肉洗净，切成小块；胡萝卜洗净，切花刀片。

2 油锅烧热，放入姜片爆香，放入瘦肉块炒至八成熟，加入胡萝卜片翻炒片刻加适量水炖煮至肉烂，关火。

3 拣出姜片，撒入熟黑芝麻，加盐调味即可。

黑芝麻利于补中健身和产后恢复。

产后第 4 天

分娩已经耗费了新妈妈很多精力和体力，在产后第 4 天，新妈妈还需要照顾宝宝，甚至因为晚上要给宝宝喂奶，新妈妈总是睡得不踏实，这样不仅睡眠时间不足，也不能保证睡眠质量，新妈妈得不到很好的休息，不利于身体恢复。因此，在饮食上新妈妈可以尝试吃些安神助眠的食物。

新妈妈一日营养食谱搭配推荐

早餐
煮鸡蛋 1 个
鸡蓉玉米羹 1 碗

上午加餐
金枪鱼三明治 1 个
牛奶 1 杯

午餐
蒸大虾 1 份
蛤蜊豆腐汤 1 碗
米饭 1 碗

下午加餐
木瓜牛奶露 1 碗
香蕉 1 根

晚餐
胡萝卜小米粥 1 碗
清炒鸡毛菜 1 份

- 新妈妈可以吃些调节神经功能的食品，如鱼、蛤蜊、蘑菇、香蕉、猪肝等。
- 剖宫产妈妈可能会因为术后疼痛，更容易失眠，可以在睡前通过放松按摩、提前半小时调节室内灯光等方式，促进尽快入睡。

鸡蓉玉米羹

安神　促消化

营养功效：玉米中含有较多的铜元素，有助于新妈妈的睡眠，同时玉米可加强肠壁蠕动，促进体内废物的排泄。

原料：鸡胸肉 100 克，玉米粒 50 克，鸡蛋 1 个，盐适量。

做法：

1. 玉米粒洗净；鸡胸肉洗净，切成和玉米粒大小相近的小丁；鸡蛋打散成蛋液。
2. 锅中加水，将玉米粒、鸡胸肉丁放入锅中大火煮开，撇去浮沫，锅上加盖转中火继续煮 30 分钟。
3. 将蛋液沿锅边倒入，待蛋液煮熟后加盐调味即可。

吃玉米时应把胚芽全部吃掉。

蛤蜊豆腐汤

营养功效：蛤蜊含有蛋白质、脂肪、铁、钙、磷、碘等营养素，能帮助新妈妈缓解压力、舒心睡眠。

安神助眠 减压

原料：蛤蜊 200 克，豆腐 100 克，姜片、盐、香油各适量。
做法：

1 清水中放入少许香油和盐，放入蛤蜊，让蛤蜊彻底吐尽泥沙，捞出，冲洗干净；豆腐切块。
2 锅中放水、姜片、盐煮沸，将蛤蜊、豆腐块一同放入，用中火继续炖煮。
3 待蛤蜊张开壳、豆腐熟透后关火即可。

午餐

蛤蜊用香油盐水浸泡两三个小时，会吐出很多泥沙。

木瓜牛奶露

营养功效：木瓜和牛奶是必不可少的催乳食材，奶水不够的新妈妈可以适量食用。

均衡营养 催乳

原料：木瓜 100 克，牛奶 250 毫升，冰糖适量。
做法：

1 木瓜洗净，去皮、去子，切成小块。
2 木瓜块放入锅内，加适量水，水没过木瓜即可，大火熬煮至木瓜熟烂。
3 放入牛奶和冰糖，与木瓜一起大火煮开，再煮至汤微沸即可。

下午加餐

胡萝卜小米粥

晚餐

营养功效：小米中富含色氨酸，具有一定催眠作用，能够帮助新妈妈很好入眠。

均衡营养 助眠

原料：小米、胡萝卜各 50 克。
做法：

1 小米淘洗干净；胡萝卜洗净，切丁。
2 锅中放水，加入小米、胡萝卜丁大火同煮。
3 煮沸后转小火继续熬煮，煮至胡萝卜丁绵软、小米开花即可。

产后第 5 天

产后新妈妈要面临各种各样的问题，例如分娩时的痛苦、产后恢复中的不适以及吃不下、睡不实等问题，这些问题很容易让新妈妈左思右想，再加上产后体内雌激素突然降低，本来就波动不安的心更是难以平静。新妈妈可多吃些香蕉、苹果、杏仁等食物，能帮助缓解抑郁的心情。

新妈妈一日营养食谱搭配推荐

早餐	上午加餐	午餐	下午加餐	晚餐
干贝冬瓜汤 1 碗 糖醋萝卜 1 份 馒头 1 个	香蕉百合银耳汤 1 碗 鸡蛋饼 1 块	什菌一品煲 1 份 虾皮油菜 1 份 米饭 1 碗	玉米山楂汤 1 碗 香蕉 1 根	西红柿烧豆腐 1 份 红枣桂圆粥 1 碗

- 剖宫产妈妈要注意不要多吃海鱼，不利于术后止血和创口愈合，可以将海鱼换成其他的富硒食品。
- 吃些富含硒元素的食物，如胡萝卜、动物肝脏等，可以帮助新妈妈减轻焦虑、缓解抑郁。

干贝冬瓜汤

早餐

稳定情绪 缓解抑郁

营养功效：干贝有稳定情绪的作用，此汤可帮助缓解抑郁。

原料：冬瓜 150 克，干贝 50 克，盐、姜末各适量。

做法：

1 冬瓜去皮、去子，洗净后切片；干贝洗净，浸泡 30 分钟。

2 碗中放入干贝、清水，水没过干贝即可，上锅大火蒸 30 分钟，晾凉后撕小块。

3 将冬瓜片、干贝块放入锅中，加水煮至冬瓜熟，撒入姜末继续煮 1 分钟后加盐调味即可。

冬瓜有利尿、消肿的功效。

香蕉百合银耳汤

上午加餐

改善睡眠 缓解抑郁

营养功效：香蕉对失眠、情绪紧张有一定的缓解作用，有助于改善睡眠及产后抑郁。

原料：泡发银耳 20 克，鲜百合 50 克，香蕉 1 根，冰糖 10 克。

做法：

1 将泡发的银耳去根，撕小朵，上锅蒸 30 分钟；鲜百合洗净，撕片；香蕉剥皮，切 1 厘米厚片。

2 将银耳、鲜百合片、香蕉片放入锅中，加清水中火煮熟，加冰糖煮至冰糖溶化即可。

什菌一品煲

放松心情 补虚

营养功效：什菌汤有利于放松新妈妈因疼痛而绷紧的神经，很适合产后虚弱的新妈妈食用。

原料：猴头菇、平菇、白菜心各 50 克，鲜香菇 30 克，葱花、盐各适量。

做法：

1 鲜香菇洗净，去蒂，划十字刀；平菇洗净，去根，掰小朵；猴头菇洗净后切开；白菜心掰成小棵。

2 锅内放入清水、葱花，大火烧开。

3 再放入香菇、平菇、猴头菇、白菜心，转小火煲 10 分钟。

4 待食材熟透后加盐调味即可。

西红柿烧豆腐

开胃 助消化

营养功效：西红柿烧豆腐色彩艳丽、酸甜可口，是胃口欠佳的新妈妈不可错过的健康美食。

原料：西红柿 100 克，豆腐 50 克，盐、白糖、葱末各适量。

做法：

1 将西红柿用开水烫一下，去皮，切成丁；豆腐切成条，用沸水焯烫一下。

2 油锅烧热，放入西红柿丁炒 2 分钟。

3 待西红柿炒出汤汁，再放入豆腐条翻炒至熟，最后加入盐和白糖调味，出锅后撒上葱末即可。

产后第 6 天

新妈妈有时会觉得身体疲累、没有力气，产后虚弱、睡眠不好等问题都在耗费着新妈妈的精力，有的新妈妈开始对吃提不起兴趣来了。这时不妨给新妈妈的饮食变个花样，用不同的食材、烹饪方法做出同样营养的食物。

新妈妈一日营养食谱搭配推荐

早餐
虾仁馄饨 1 碗
煮鸡蛋 1 个

上午加餐
黄花豆腐瘦肉汤 1 碗
香蕉 1 根

午餐
鲈鱼豆腐汤 1 碗
蔬菜豆皮卷 1 份
青菜饼 2 块

下午加餐
归枣牛筋花生汤 1 碗
腰果 5 颗

晚餐
乌鸡糯米粥 1 碗
西蓝花鹌鹑蛋汤 1 碗

- 可以做一道色彩丰富的菜，能够让新妈妈更有食欲。
- 做一些高蛋白、高热量、低脂肪、有利于吸收的食物，保证新妈妈和宝宝每天都能摄取足量的营养。
- 换一种不同的食材或者烹饪方法，能有效提起新妈妈对食物的兴趣。

虾仁馄饨

提振食欲 补虚

营养功效：虾仁馄饨营养丰富易消化，还能提升新妈妈的食欲。

原料：虾仁 30 克，猪肉 50 克，胡萝卜 15 克，馄饨皮 10 张，香菜叶、香油、葱末、姜末、盐各适量。

做法：

1. 将虾仁、猪肉洗净，切块；胡萝卜去皮、洗净，切块。
2. 虾仁块、猪肉块、胡萝卜块用搅拌机打成馄饨馅，加盐、一半葱末、姜末搅拌均匀，包入馄饨皮中。
3. 锅中加水烧开，下入馄饨煮熟，盛出加盐调味，撒入另一半葱末，放入香油、香菜叶即可。

早餐

黄花豆腐瘦肉汤

补充营养 催奶

营养功效：黄花菜有清热除烦、止血下乳的功效，豆腐富含蛋白质，猪瘦肉中铁元素含量较高，黄花豆腐瘦肉汤在催乳的同时也可为新妈妈补充多种营养素，促进新妈妈身体恢复。

宜选用色暗黄两头有点发黑的干黄花菜。

原料：猪瘦肉100克，豆腐150克，干黄花菜10克，盐适量。

做法：

1 干黄花菜用清水洗净、泡软，掐去老根；猪瘦肉洗净，切片；豆腐洗净，切块。

2 将黄花菜、猪瘦肉片放入锅中，加适量水，大火煮沸。

3 放入豆腐块煮至豆腐熟，加盐调味即可。

鲈鱼豆腐汤

促进身体恢复 增进食欲

营养功效：豆腐含有丰富的植物蛋白和钙质，易于消化，而且其鲜美的味道能勾起新妈妈的食欲。

原料：鲈鱼1条，豆腐、鲜香菇各20克，姜片、葱花、盐各适量。

做法：

1 鲈鱼去骨、去刺，洗净后切块；豆腐切块；鲜香菇去蒂，洗净后切十字刀。

2 锅中加水、姜片烧开，放入豆腐块、鱼肉块、鲜香菇炖至熟。

3 加入盐调味，关火后撒上葱花即可。

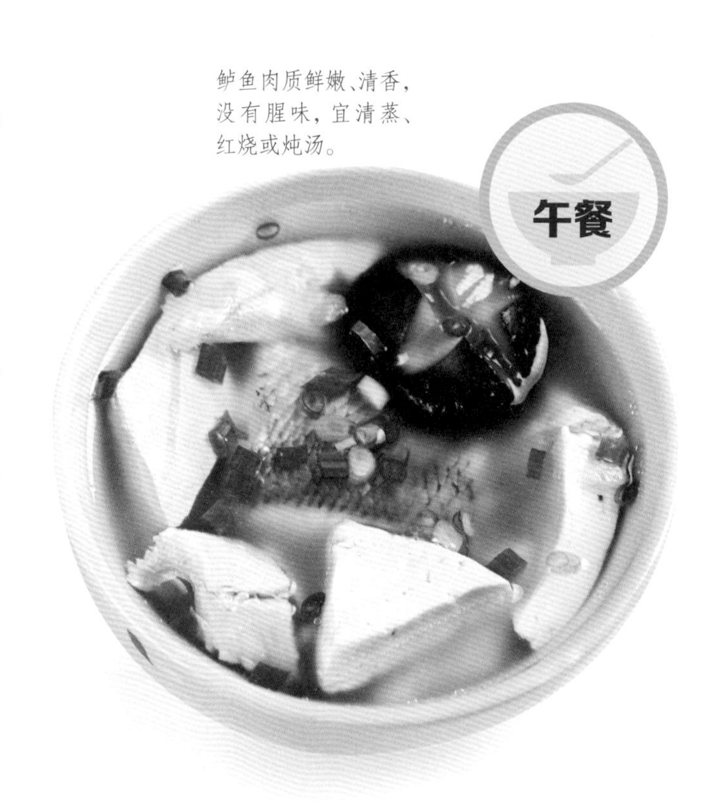

鲈鱼肉质鲜嫩、清香，没有腥味，宜清蒸、红烧或炖汤。

蔬菜豆皮卷

营养功效：蔬菜豆皮卷食材颜色丰富，能促进新妈妈食欲，且食材富含多种维生素及矿物质，能提供足量的营养。

增进食欲　补充营养

原料：豆皮 1 张，绿豆芽 30 克，胡萝卜 20 克，紫甘蓝 40 克，豆干 50 克，盐、香油各适量。

做法：

1 紫甘蓝、胡萝卜、豆干分别洗净，切丝；绿豆芽洗净。

2 将胡萝卜丝、紫甘蓝丝、豆干丝和绿豆芽一同焯水烫熟，盛出后加入少许盐、香油拌匀。

3 豆皮摊开，将拌好的食材放在豆皮上，卷起后放入油锅中，小火煎至表皮金黄。

4 待放凉后切成小卷，在盘中摆好即可。

焯烫蔬菜的时候，加入适量盐或油，能让蔬菜色泽更亮丽。

归枣牛筋花生汤

营养功效：牛蹄筋中富含胶原蛋白，此汤可以益气补血、强筋壮骨，促进新妈妈恢复。

补血　强筋壮骨

原料：牛蹄筋 100 克，花生 50 克，红枣 5 颗，当归 5 克，盐适量。

做法：

1 牛蹄筋洗净，浸泡 4 小时，切成细条；花生、红枣洗净；当归洗净，浸泡 30 分钟，切薄片。

2 砂锅中加水，放入牛蹄筋条、花生、红枣、当归片大火烧沸，转小火炖至牛蹄筋熟烂，加盐调味即可。

下午加餐

此菜可补益气血、强壮筋骨。

乌鸡虽是补益佳品，但不能多食。

乌鸡糯米粥

营养功效：乌鸡铁含量较高，可帮助新妈妈补血；糯米味道香甜，食欲不佳的新妈妈也会喜欢。

补血　滋补身体

原料：乌鸡腿100克，糯米50克，葱丝、盐各适量。
做法：

1 乌鸡腿洗净，切块，用沸水汆烫，捞出洗去血沫；糯米洗净，浸泡30分钟。
2 将乌鸡腿块放入汤锅中，加适量水，大火烧开后转小火煮20分钟，加入糯米同煮至糯米软烂。
3 关火，下入葱丝、盐并搅匀，盖上锅盖儿闷5分钟即可。

西蓝花鹌鹑蛋汤

营养功效：鹌鹑蛋有通经活血、益气补血的功效，而且鹌鹑蛋营养素易于吸收，适合食欲不佳的新妈妈食用。

通径活络　益气补血

原料：西蓝花100克，鹌鹑蛋8个，火腿50克，鲜香菇、西红柿、盐各适量。
做法：

1 西蓝花切小朵，沸水焯烫一下；鹌鹑蛋煮熟、剥皮；鲜香菇去蒂，洗净，切十字刀；火腿切丁；西红柿切小块。
2 锅中加水，放入鲜香菇、火腿丁大火煮沸，转小火再煮10分钟。
3 将鹌鹑蛋、西蓝花、西红柿块放入锅中，待再次汤沸时加盐调味即可。

西蓝花可以缓解新妈妈焦虑情绪。

产后第 7 天

产后第 7 天，新妈妈会发现恶露的颜色已经变浅，会阴侧切的顺产妈妈伤口逐渐愈合，剖宫产妈妈也都已经拆线了，身体状态较前几天好了许多，新妈妈也逐渐适应了产后的身体状态，胃口也有所恢复。这时仍应按照营养均衡、全面的原则进补。

新妈妈一日营养食谱搭配推荐

早餐
挂面汤卧蛋 1 碗
素菜包 1 个

上午加餐
银鱼苋菜汤 1 碗
面包 1 片

午餐
猪肝油菜粥 1 碗
香油芹菜 1 份
薏米红枣百合汤 1 碗

下午加餐
红豆黑米粥 1 碗
核桃 2 颗

晚餐
莲子猪肚汤 1 碗
虾皮豆腐 1 份
菠菜煎饼 1 个

- 新妈妈的饮食要注意干湿搭配，既保证营养的摄入，又保证水分的充分供给。
- 宝宝的食量也有所增加，新妈妈摄入足够的水分，能保证乳汁的充足，可在加餐中多喝些汤粥。

面条汤卧蛋

均衡营养 促进身体恢复

营养功效：面条汤卧蛋可以为新妈妈提供蛋白质、钙、铁等元素，是促进新妈妈恢复的不错食品。

原料：面条 100 克，羊肉 50 克，鸡蛋 1 个，菠菜段、葱花、姜丝、酱油、香油、盐各适量。

做法：

1. 将羊肉切丝，用酱油、葱花、姜丝、香油和盐拌匀腌制半小时。
2. 锅中加水烧开，下面条，待水将沸时，将鸡蛋卧入汤中，转小火继续煮至水开。
3. 待鸡蛋熟、面条断生时，下羊肉丝、菠菜段、盐煮熟即可。

面条搭配鸡蛋、羊肉和菠菜，能帮助新妈妈快速补充体力。

早餐

上午加餐

含磷的鱼肉，可让宝宝的头发更浓密。

银鱼苋菜汤

滋阴补虚 养身

营养功效：银鱼富含蛋白质、钙、磷，能滋阴补虚，新妈妈补充适量的磷，对宝宝的头发生长有好处。

原料：银鱼、苋菜各 100 克，姜末、蒜末、盐各适量。

做法：

1 银鱼洗净，沥干水分；苋菜洗净，切段。

2 油锅烧热，放入蒜末、姜末爆香，放入银鱼快速翻炒，下入苋菜段，炒至苋菜微软。

3 倒入清水，大火烧沸后煮 5 分钟，加盐调味即可。

猪肝油菜粥

均衡营养 助消化

营养功效：猪肝补血，油菜能促进肠胃蠕动，猪肝油菜粥能帮助新妈妈更快地恢复身体。

原料：熟猪肝 50 克，油菜、大米各 50 克，香油、盐、姜末各适量。

做法：

1 大米淘洗干净，用清水浸泡 30 分钟；熟猪肝切片；油菜洗净，切段。

2 锅内加适量清水，放入大米熬煮至米烂，放入油菜段、猪肝片同煮，煮至油菜软烂后关火。

3 盛出前加盐、香油调味，撒入姜末即可。

猪肝是产后新妈妈进补的最佳食物。

午餐

身体产后修复 预防便秘

香油芹菜

营养功效：当归有很好的抗氧化效果，能帮助新妈妈修复产后受损的细胞；芹菜中的膳食纤维能预防新妈妈便秘。

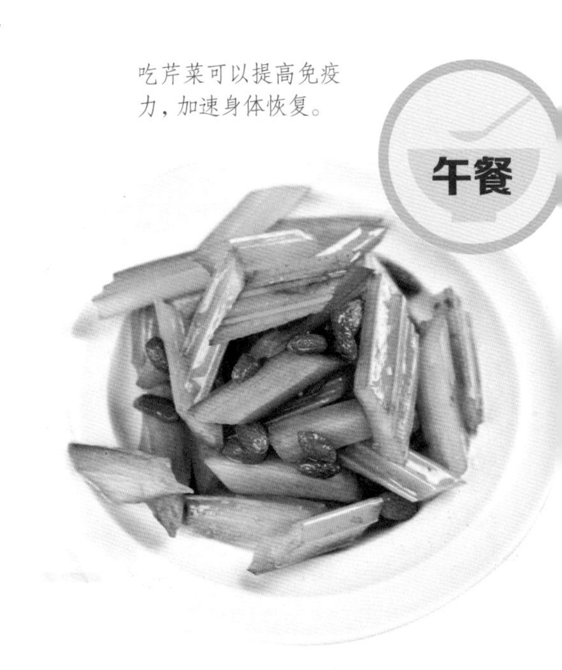

吃芹菜可以提高免疫力，加速身体恢复。

原料：芹菜 100 克，当归 2 片，枸杞子、盐、香油各适量。
做法：

1 当归片加水熬煮 5 分钟，去渣取汁备用；芹菜择洗干净，切段，用沸水焯烫；枸杞子用冷水浸泡 10 分钟。

2 芹菜段用盐、煮好的当归水腌片刻，腌制入味后装盘。

3 放入香油拌匀，撒上枸杞子即可。

薏米红枣百合汤

营养功效：薏米有除湿利尿的功效，百合中的百合苷能起到镇静和催眠的作用，红枣有助于补血，一起熬煮的薏米红枣百合汤可帮助新妈妈身体恢复。

补血 助眠

百合具有润肺、清火、安神的功效。

原料：薏米 100 克，鲜百合 20 克，红枣 4 颗。
做法：

1 薏米洗净，用清水浸泡 4 个小时；鲜百合洗净，掰开成片；红枣洗净备用。

2 将泡好的薏米和适量的水放入锅中，大火煮开后转小火继续熬煮 1 小时。

3 放入鲜百合片、红枣，继续熬煮 30 分钟即可。

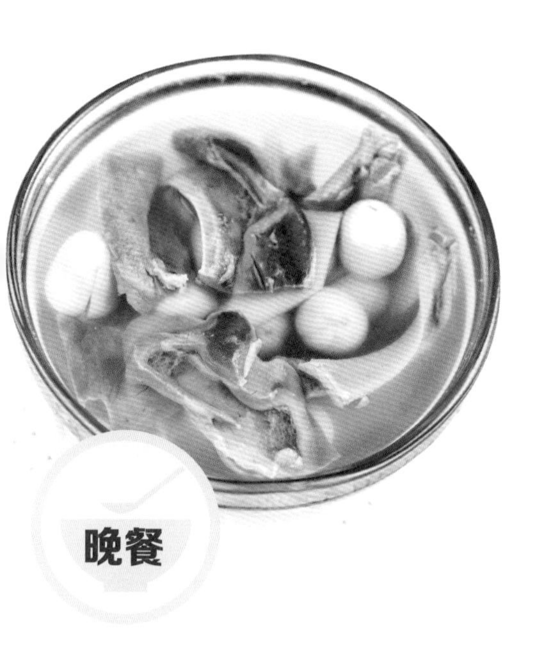

莲子猪肚汤

营养功效：猪肚可补脾养胃，莲子有健脾益气的功效，莲子猪肚汤易消化，能帮助新妈妈补血气、健脾胃。

补气血　助消化

原料：猪肚 150 克，莲子 30 克，姜片、淀粉、盐各适量。

做法：

1 莲子去心，用清水浸泡 30 分钟；猪肚用淀粉反复揉搓，洗去油脂和杂质，用水冲净。

2 将猪肚放入沸水中稍煮片刻，去掉猪肚内的白膜，切段。

3 锅中加水煮沸，下入猪肚、莲子、姜片同煮。

4 待水再沸，撇去浮沫，转小火继续炖煮 2 小时，拣去姜片，加盐调味即可。

虾皮豆腐

营养功效：虾皮、豆腐中含钙量都较高，且豆腐富含蛋白质、维生素，适合缺钙的新妈妈食用，补充钙的同时也能补充多种营养素。

均衡营养　补钙

原料：豆腐 150 克，虾皮 20 克，酱油、水淀粉、盐、葱花各适量。

做法：

1 豆腐切小块，用沸水焯烫一下；虾皮洗净，切碎。

2 油锅烧热，放入虾皮碎爆香，下入豆腐块、酱油、盐及适量水，大火烧沸。

3 待豆腐烧熟透，倒入水淀粉勾芡，撒上葱花即可。

虾皮含钙较高，有利于新妈妈产后身体恢复。

PART 2

产后第 2 周

本周，新妈妈会发现恶露颜色呈淡红色，
量也减少了。
子宫颈已恢复到原来的形状，
子宫口慢慢地关闭。
本周，有些新妈妈的伤口还会隐隐作痛，
但相较第 1 周要好很多。
肠胃已经慢慢适应了产后的状态，
身体各功能也渐渐地有所恢复，
新妈妈便秘情况也有所缓解。

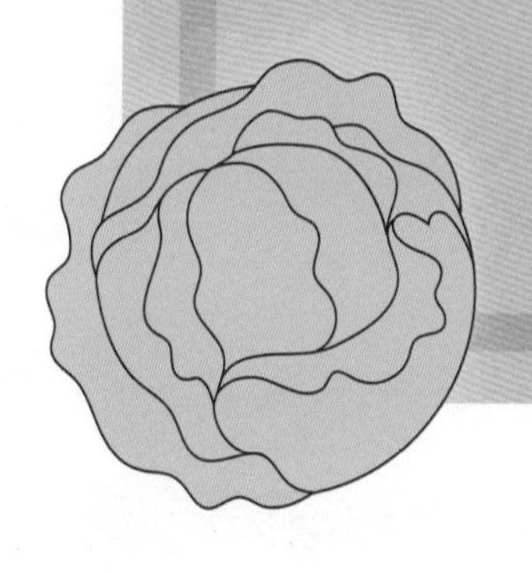

第2周饮食宜忌速查

新妈妈在经过第1周的调养，渐渐适应了产后的身体状态，体力慢慢恢复了，胃口也有所好转，恶露的颜色也由深转浅。本周需要调理气血，可适当吃些补气血的食物，如红枣、动物肝脏等。但由于恶露还未全部排净，新妈妈仍不宜大补。

宜保持饮食多样化

新妈妈产后身体的恢复和宝宝营养的摄取均需要大量、多种营养成分，因此新妈妈不要单一吃精米、精面，要搭配粗粮、杂粮，如玉米、糙米、小米、燕麦、黑豆等。这样对新妈妈的身体恢复很有益处。

营养师给新妈妈的私信

- 本周新妈妈的胃口有所好转，但这周还是要保证饮食清淡。
- 本周新妈妈可以吃些促进新陈代谢的食物，帮助身体排毒。
- 本周新妈妈要以补气、养生、修复为主，宜多吃补血、补维生素、补蛋白质的食物。
- 在本周，新妈妈仍要以身体恢复为主，催乳为辅。

每天 1 杯牛奶

跟孕期一样，产后新妈妈也要每天喝1杯牛奶，不仅补钙，营养好吸收，还能帮助新妈妈快速恢复体能。

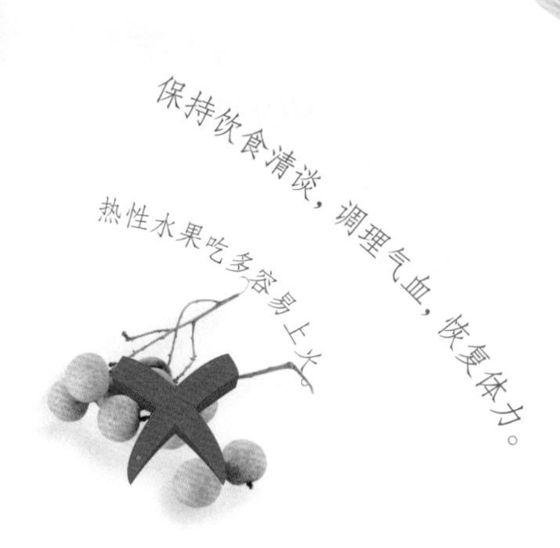

宜适量吃香油

香油中含有丰富的不饱和脂肪酸，能够促进子宫收缩和恶露排出，帮助子宫尽快恢复，同时香油还有软便的作用，可避免产后新妈妈发生便秘。另外，香油中含有丰富的必需氨基酸，对于气血流失的新妈妈，有很好的滋补功效。

宜多吃水果、蔬菜

水果、蔬菜中营养丰富，富含维生素、矿物质和膳食纤维，有增进食欲、促进胃肠道功能恢复、预防大便秘结、缓解产褥期便秘症等功效。另外，多吃水果和蔬菜可以促进人体对糖分、蛋白质的吸收利用，帮助新妈妈达到营养均衡的目的，注意性寒和热性水果适当少吃。

宜适量吃山楂

山楂中含有丰富的维生素和矿物质，对新妈妈有一定的营养价值。山楂中还含有大量的山楂酸、柠檬酸，能够生津止渴、散瘀活血。产后新妈妈由于过度劳累，往往食欲不振、口干舌燥、饭量减少，如果适当吃些山楂，能够增进食欲、帮助消化，有利于产后身体康复。而且山楂可刺激子宫收缩，能促进排出子宫内瘀血，减轻新妈妈的腹痛感，有助于恶露排出。

不宜吃辛辣燥热食物

产后新妈妈大量失血、出汗，而且组织间液也较多地进入血液循环，机体阴津明显不足，而辛辣燥热的食物会伤津耗液，使新妈妈上火、口舌生疮、大便秘结或痔疮发作，而且会通过乳汁使宝宝内热加重。因此，新妈妈应忌食韭菜、辣椒、胡椒、小茴香等。饮食宜清淡，尤其在产后5~7天之内，应以软饭、蛋汤等为主，多喝点汤汤水水，多吃蔬菜水果，均衡饮食。

哺乳妈妈更要少吃辣椒。

不宜过早吃醪糟蒸蛋

醪糟蒸蛋是一道传统的民间增乳食品，营养和口感都很不错。鸡蛋中含有人体必需的18种氨基酸，配比合理且易于人体吸收。但醪糟蒸蛋有活血作用，新妈妈最好在恶露干净、伤口愈合后再吃，否则，容易刺激子宫，引起大量出血。

不宜吃巧克力

产后新妈妈不宜多吃，因为巧克力中所含的可可碱能够进入母乳，被宝宝吸收并积蓄在体内。时间长了，可可碱会损伤宝宝的神经系统和心脏，并使宝宝肌肉松弛、排尿量增加，导致宝宝消化不良、睡觉不稳、爱哭闹等。

不宜食用腌制食物和酒

产后新妈妈要忌用腌制食物和烟酒茶等刺激物。腌制食物会影响产后新妈妈体内的水钠代谢；烟中尼古丁会减少乳汁分泌；酒中的酒精，茶中的茶碱、咖啡因等成分，能通过乳汁进入宝宝体内，会造成宝宝兴奋不安，并影响宝宝的健康发育。

不宜补钙过晚

新妈妈在怀孕晚期及产后3个月，体内钙含量降低，骨骼更新钙的能力下降，哺乳也会让妈妈流失更多的钙。哺乳妈妈每分泌1 000~1 500毫升的乳汁，就要失去500毫克的钙。新妈妈若不及时补钙，很容易导致骨质疏松，所以，新妈妈应吃些高钙食物，如牛奶及奶制品、豆腐、虾米等。

不宜多喝红糖水

新妈妈在产后的7~10天中喝一些红糖水，能补充能量、增加血容量，有利于产后体力的恢复，但红糖水不是喝得越多越好。因为过多饮用红糖水，会增加恶露中的血量，从而引起贫血，而且会损害新妈妈的牙齿，夏天会导致出汗过多，加重新妈妈身体虚弱的情况。

不同类型新妈妈本周进补方案

本周顺产妈妈和剖宫产妈妈身体状况仍有差异，会阴侧切的顺产妈妈伤口基本愈合了；剖宫产妈妈的缝合创口刚刚拆线，时而还会有痛感。新妈妈月子中进补的方案，应根据自己的状态选择适合自己的方式。

鸡肉蛋白质含量较高，且易被人体吸收利用，有助于产后恢复。

顺产妈妈

顺产妈妈经过第 1 周的调养，身体、情绪上都已经有所好转。本周，新妈妈的身体仍处于恢复阶段，也将逐渐适应产后的生活规律，体力也在慢慢恢复。这时注意补充钙、蛋白质等营养素，如吃些含钙高的奶制品，有利于母婴的骨骼健康；鸡肉等禽肉类的食物含较多的蛋白质，可促进子宫恢复。

本周必备食材单品

1. **红豆** 消除水肿
2. **猪蹄** 催乳又美容
3. **奶制品** 强力补钙
4. **鸡肉** 补充蛋白质
5. **玉米** 促进新陈代谢

在粥中加入菠菜和鸡肉，营养更丰富。

剖宫产妈妈

剖宫产妈妈还会感到伤口隐隐作痛，不过身体已经在慢慢恢复了，剖宫产妈妈的饮食已经基本恢复如常了，但要注意还是不适宜吃油炸、辛辣、燥热的食物，这些食物并不利于伤口的愈合，新妈妈还应以清淡、易消化的食物为主。另外可以吃一些促进伤口愈合、增强免疫力的食品，如富含维生素C的西红柿、南瓜等食物。

烹饪鸡蛋时不宜加糖。

哺乳妈妈

哺乳的新妈妈本周可以循序渐进地进行催乳，不要操之过急。可以先从补充优质蛋白质开始，如鸡蛋、牛肉、牛奶、鹌鹑蛋、豆制品等，可以增进新妈妈的恢复，也可提高乳汁的质量，为宝宝提供足量的必需氨基酸，让宝宝长得壮壮的。新妈妈也要注意钙的补充，孕晚期至产后3个月，新妈妈的钙流失较多，可以吃些乳制品、芝麻酱等来补充。

胡萝卜南瓜西红柿汤含有丰富的维生素和果胶，有助于排出体内废物。

杏仁、牛奶、黑芝麻均是含钙丰富的食物，可补充钙质，提高乳汁质量。

第 2 周新妈妈吃点啥

本周新妈妈恶露未净、产后气血不足，仍不宜大补，应以调理气血为主，催乳为辅。饮食上注意选用能补气血、促进新陈代谢的食物，如红枣、红豆等。

产后第 8 天

新妈妈今天已经感觉好多了，开始关心乳汁的情况，但是现在不宜大补特补，最好循序渐进地进补。

新妈妈一日营养食谱搭配推荐

早餐	上午加餐	午餐	下午加餐	晚餐
猪肉包 1 个 煮鸡蛋 1 个 牛奶银耳小米粥 1 碗	五彩玉米羹 1 碗 草莓 5 颗	枸杞子鲜鸡汤 1 碗 海带炒干丝 1 份 米饭 1 碗	香菇瘦肉粥 1 碗	鲜蔬紫米羹 1 碗 银鱼炒豆芽 1 份

- 新妈妈的乳汁才开始分泌，乳腺管还不够通畅，不宜食用大量油腻催乳食物。
- 新妈妈可多吃蔬菜和水果。蔬菜和水果中富含维生素、矿物质和膳食纤维，既可促进消化、防止便秘，还可帮助新妈妈均衡营养。

牛奶银耳小米粥

安眠养身

营养功效：银耳能滋阴清热、安眠健胃，与小米、牛奶同食，不仅能催乳、补钙，还有助于新妈妈产后恢复。

原料：小米 150 克，牛奶 120 毫升，银耳 1 朵，白糖适量。

做法：

1 银耳去杂质洗净，撕成小朵；小米淘洗干净。

2 锅中加水，放入小米煮至米熟，撇去浮沫，下入银耳继续煮 20 分钟。

3 倒入牛奶，待再开锅时加入适量白糖即可。

早餐

上午加餐

五彩玉米羹

营养功效：玉米中富含膳食纤维，可以帮助产后新妈妈健脾开胃、预防便秘。

健脾开胃　预防便秘

玉米中的膳食纤维能刺激胃肠蠕动。

原料：玉米粒 100 克，鸡蛋 2 个，豌豆 30 克，菠萝 20 克，枸杞子 15 克，冰糖、水淀粉各适量。

做法：

1 豌豆、玉米粒分别洗净；菠萝洗净，切丁后用盐水浸泡片刻；枸杞子洗净，泡软；鸡蛋打散。

2 汤锅中加水，放入玉米粒、菠萝丁、豌豆、枸杞子、冰糖，同煮至玉米粒、豌豆熟软，用水淀粉勾芡。

3 将鸡蛋液淋入锅中，烧开即可。

枸杞子鲜鸡汤

营养功效：枸杞子有滋阴润燥的功效，公鸡能促进乳汁分泌，这道鸡汤是新妈妈产后恢复、催乳的不错选择。

滋阴润燥　清热去火

原料：公鸡 1 只，枸杞子 15 克，红枣 3 颗，姜片、盐各适量。

做法：

1 公鸡处理干净，去除臀尖，切小块；红枣、枸杞子分别洗净。

2 油锅烧热，放入姜片爆香，下入鸡块翻炒。

3 加入适量清水、枸杞子、红枣，小火慢炖至鸡肉熟烂，加盐调味即可。

枸杞子易上火，不能多吃。

增强免疫力

补碘

海带炒干丝

营养功效：豆皮中富含优质蛋白质及多种矿物质，海带能帮助补碘，碘可以促进蛋白质的分解与吸收，帮助增强新妈妈的免疫力。

原料：豆腐皮 1 张，海带 1 张，盐适量。
做法：

1 海带泡发，洗净，切丝；豆腐皮切丝。

2 油锅烧热，下入豆腐皮丝翻炒 1 分钟，再下入海带丝，翻炒至熟，加盐调味即可。

午餐

新妈妈吃海带可增加奶水中的钙含量，有利于宝宝补钙。

香菇瘦肉粥

营养功效：此粥食材丰富，营养同样丰富。大米中富含蛋白质；香菇中含有较多维生素 D，与含磷较多的猪瘦肉同食，可帮助促进磷的吸收，使新妈妈与宝宝的骨骼更强壮。

原料：大米 200 克，猪瘦肉 50 克，香菇 3 朵，葱花、盐各适量。
做法：

1 将大米洗净，浸泡 1 小时；猪瘦肉洗净，切丁；香菇泡发，去蒂，洗净，切丁。

2 油锅烧热，倒入香菇丁爆香后加水煮开，加入洗净的大米、猪瘦肉丁同煮。

3 煮至肉熟米烂后加盐调味，盛出后撒入葱花即可。

养胃

壮骨

下午加餐

香菇营养丰富，有益于产后恢复。

蔬菜内含膳食纤维，可预防便秘。

鲜蔬紫米羹

营养功效：紫米富含钙、铁、蛋白质、B 族维生素等营养素，可以有效预防贫血、促进新妈妈恢复。

原料：紫米 100 克，玉米粒 50 克，红椒半个，鲜香菇、虾仁、豌豆各 30 克，盐适量。

做法：

1 紫米洗净，浸泡 3 小时；鲜香菇、虾仁、红椒分别洗净，切小丁；豌豆、玉米粒洗净备用。

2 锅中加水，放入紫米、豌豆、玉米粒、香菇丁大火煮开，转小火继续炖煮。

3 待玉米粒、豌豆熟透，紫米煮开花，放入虾仁丁、红椒丁继续熬煮 5 分钟，最后加盐调味即可。

银鱼炒豆芽

营养功效：银鱼是钙质很好的来源，有利于母乳喂养宝宝牙齿和骨骼的钙化。而且，这道菜不含过多的脂肪，新妈妈吃了，既营养又不会长肉。

原料：银鱼 20 克，豆芽 300 克，豌豆、胡萝卜丝各 50 克，葱花、盐各适量。

做法：

1 银鱼汆水，沥干；豌豆煮熟。

2 油锅烧热，爆香葱花，放入豆芽、银鱼及胡萝卜丝翻炒片刻。

3 加入煮熟的豌豆，翻炒均匀，加盐调味即可。

预防贫血 补充营养

产后第 9 天

新妈妈在催乳的同时，也不要忘了补血，合理补血能预防贫血、增进新妈妈的机体恢复、增强抗病能力。这时，新妈妈要吃一些通乳、补血的食物，如牛肉、豆浆、红枣等食物。

新妈妈一日营养食谱搭配推荐

早餐	上午加餐	午餐	下午加餐	晚餐
牛奶馒头 1 个	青菜肉末汤 1 碗	木耳炒鸡蛋 1 份	什锦海鲜面 1 碗	西红柿鸡蛋羹 1 份
鸡蛋红枣羹 1 碗	苹果 1 个	三丝黄花羹 1 碗	桂圆 5 个	牛肉粉丝汤 1 碗
豆浆 1 杯		莲子玉米面发糕 2 块		玉米饭 1 碗

- 豆浆中的铁质易被人体吸收，可以帮助新妈妈预防缺铁性贫血。
- 新妈妈如果在产后因气血不足导致乳汁缺乏，可以吃些黄花菜，补气血的同时有催乳功效。
- 桂圆一次不能吃太多，否则容易上火，还会通过母乳引起宝宝肠胃不适。

鸡蛋红枣羹

养血 补气

营养功效：鸡蛋红枣羹醇香味浓，具有补气养血、收敛固摄的功效，适用于产后气虚、恶露不净的新妈妈。

原料：鸡蛋 2 个，红枣 6 颗，醋适量。

做法：

1 红枣洗净，去核；鸡蛋打入碗中，加入适量清水搅拌均匀。

2 蛋液中加醋混合均匀，放入红枣上锅隔水蒸 20 分钟即可。

红枣能补血养颜、利水排毒。

早餐

木耳炒鸡蛋

营养功效：木耳有益气强智、止血止痛等功效，是产后贫血妈妈的保健食品。

原料：鸡蛋 2 个，水发木耳 50 克，香菜段、盐各适量。
做法：

1 将水发木耳择洗干净，撕成小块；鸡蛋打入碗中，加盐打散。

2 油锅烧热，将鸡蛋液倒入锅中搅散翻炒成块。

3 另起油锅，将木耳块下入锅中翻炒片刻，放入炒好的鸡蛋块炒匀，加盐、香菜段调味即可。

止血

益气

三丝黄花羹

营养功效：黄花菜有通乳的作用，配以滋补强身、清热化痰的香菇同食，对产后身体未恢复的新妈妈很有益处。

原料：干黄花菜 50 克，鲜香菇 2 朵，冬笋 25 克，胡萝卜 25 克，盐、白糖各适量。
做法：

通乳

滋补

1 干黄花菜用温水泡软，掐去老根洗净，沥水；鲜香菇、冬笋、胡萝卜洗净，切丝。

2 油锅烧热，放入黄花菜、冬笋丝、香菇丝、胡萝卜丝煸炒 1 分钟。

3 加入清水、盐、白糖，用小火煮至黄花菜熟透、入味即可。

莲子玉米面发糕

预防便秘 降血脂

营养功效：玉米具有降血压、降血脂的功效，适合血压、血脂偏高及便秘的新妈妈食用。

原料：玉米面200克，莲子30克，酵母10克，小苏打粉、白糖各适量。

做法：

1 莲子洗净，泡软；将玉米面放入盆内，加入酵母、白糖、小苏打粉和适量温水，搅拌均匀，待面发起。

2 面团发酵好后用手揉匀，整形切成若干等份的方形，放上莲子点缀。

3 在笼屉内铺上湿屉布，放入玉米面团，大火蒸15分钟即可。

什锦海鲜面

改善记忆力 补充脑力

营养功效：海鲜富含蛋白质、钙、磷、铁等，可以补充脑力，改善新妈妈产后记忆力下降的情况。

原料：面条150克，虾仁3只，鱿鱼1只，油菜2棵，鲜香菇1朵，黄豆芽15克，盐适量。

做法：

1 鱿鱼洗净，切成圈；鲜香菇洗净，切十字刀；虾仁、油菜、黄豆芽分别洗净。

2 锅中加水烧开，下入虾仁、鱿鱼圈、黄豆芽、油菜、香菇煮熟。

3 另起锅，将面条煮至熟透，盛入碗中，码入鱿鱼圈、虾仁、香菇、黄豆芽、油菜；面汤中加盐调味，浇入面条中即可。

美味汤面可帮助新妈妈增强体力、促进新陈代谢。

每天吃鸡蛋不宜超过2个。

西红柿鸡蛋羹

营养功效：西红柿中富含蛋白质、钙、维生素C、B族维生素等营养素，可促进铁的吸收，有助于新妈妈补血、促进新陈代谢。

原料：鸡蛋2个，西红柿1个，葱花、盐、香油、酱油各适量。

做法：

1 西红柿用沸水烫一下，去皮，切成小丁；鸡蛋打散，加盐打匀。

2 将西红柿丁放入打匀的鸡蛋液中，加入适量水，放入锅中隔水蒸至蛋熟。

3 另起锅，倒入香油加热，浇在蒸好的蛋羹上，撒上葱花即可。

补血

补铁

牛肉粉丝汤

营养功效：牛肉富含蛋白质，还含有很多人体必需氨基酸，牛肉中的锌也更容易被人体吸收，适合产后哺乳妈妈食用。

原料：牛肉100克，粉丝50克，盐、酱油、淀粉、香油、香菜叶各适量。

做法：

1 将粉丝放入水中泡发；牛肉洗净切块，加淀粉、酱油、盐拌匀腌制20分钟。

2 锅中放入清水烧沸，放入发好的粉丝，中火煮至粉丝熟透，连汤带粉丝捞入碗中。

3 另起油锅烧热，放入腌好的牛肉块炒好，加盐调味出锅浇在粉丝汤中，撒上香菜叶即可。

均衡营养

补锌

产后第 10 天

新妈妈在日常饮食中，会注意到要多喝水、合理补充营养素，但是可能还不知道有哪些调味料并不适宜产后还在恢复的新妈妈食用。辛辣燥热的调味料，如辣椒、胡椒、小茴香等，容易引起新妈妈上火、大便秘结等问题，新妈妈应忌食。

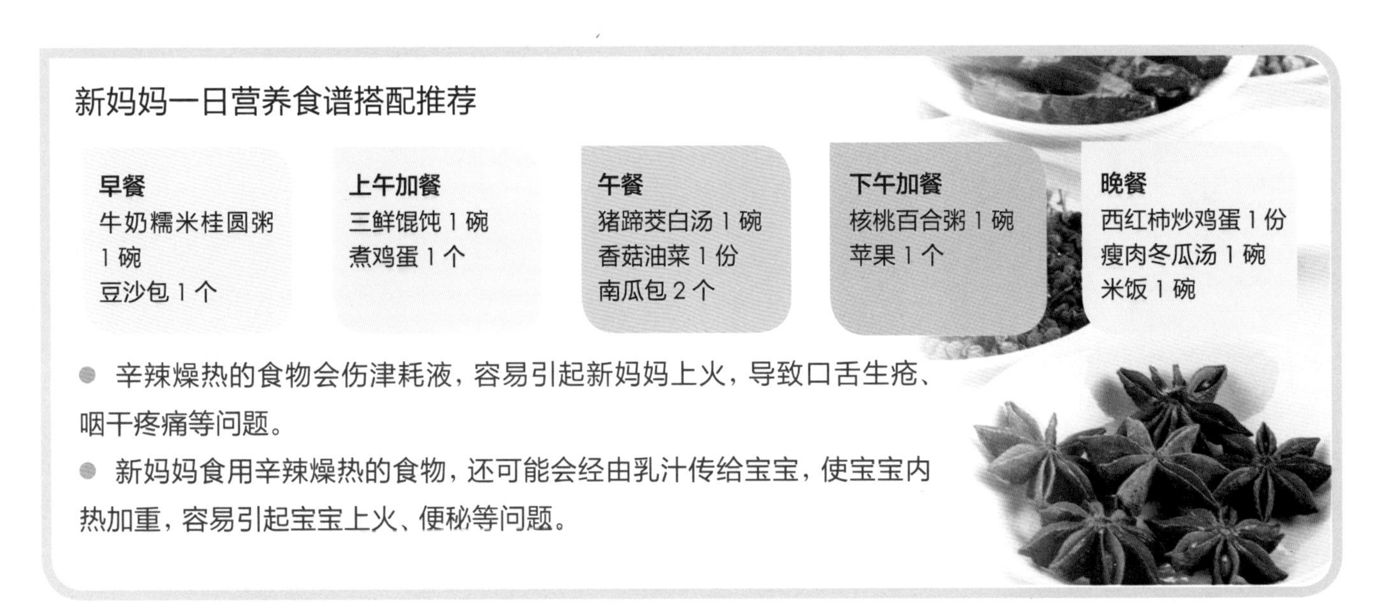

新妈妈一日营养食谱搭配推荐

早餐
牛奶糯米桂圆粥 1 碗
豆沙包 1 个

上午加餐
三鲜馄饨 1 碗
煮鸡蛋 1 个

午餐
猪蹄茭白汤 1 碗
香菇油菜 1 份
南瓜包 2 个

下午加餐
核桃百合粥 1 碗
苹果 1 个

晚餐
西红柿炒鸡蛋 1 份
瘦肉冬瓜汤 1 碗
米饭 1 碗

- 辛辣燥热的食物会伤津耗液，容易引起新妈妈上火，导致口舌生疮、咽干疼痛等问题。
- 新妈妈食用辛辣燥热的食物，还可能会经由乳汁传给宝宝，使宝宝内热加重，容易引起宝宝上火、便秘等问题。

三鲜馄饨

早餐

补钙 均衡营养

营养功效：馄饨馅用多种原料制成，营养丰富，可以满足新妈妈饮食多样化。

原料：猪肉 100 克，鲜香菇 2 朵，虾仁、水发木耳各 20 克，馄饨皮 10 张，葱末、姜末、香油、酱油、盐各适量。

做法：

1 猪肉、虾仁、水发木耳、鲜香菇分别洗净，剁成末。

2 猪肉末、虾仁末中加适量清水，搅打至黏稠，放入香菇末、木耳末、酱油、盐、葱末、姜末和香油，拌匀成馅。

3 馄饨皮包上馅料，下锅煮熟，盛出加盐调味，撒入葱末即可。

午餐

猪蹄茭白汤

营养功效：猪蹄有催乳的功效，适合产后乳汁不足的新妈妈。

催乳　生精养血

原料：猪蹄 200 克，茭白 50 克，葱花、姜片、盐各适量。

做法：

1 猪蹄用沸水烫后去毛，冲洗干净；茭白洗净，切片。

2 猪蹄放入锅内，加入清水至没过猪蹄，加入葱花、姜片大火烧沸撇去浮沫。

3 转小火将猪蹄煮烂，放入茭白片，继续煮熟，加盐调味即可。

核桃百合粥

营养功效：核桃仁能帮助新妈妈补血润燥，百合能够清心安神，有助于新妈妈恢复。

补血　安神健脑

原料：大米 50 克，核桃仁、鲜百合各 20 克。

做法：

1 鲜百合洗净，掰成片；大米洗净，浸泡 30 分钟。

2 将泡好的大米、核桃仁、鲜百合片一同放入锅中，加适量清水大火煮沸，转用小火继续熬煮至大米熟透即可。

下午加餐

晚餐

烹煮冬瓜时，可加点姜片中和寒性。

瘦肉冬瓜汤

营养功效：冬瓜含蛋白质、多种维生素和矿物质，且有清热、解毒、利尿之功效，对心中烦热、小便不利的新妈妈有很好的食疗功效。

清热解毒　利尿去肿

原料：猪瘦肉 60 克，冬瓜 100 克，香菜叶、姜片、葱段、鸡汤、盐各适量。

做法：

1 冬瓜洗净，去子、去皮，切片；猪瘦肉洗净切片。

2 锅中放入适量鸡汤，加入猪瘦肉片、冬瓜片煮至熟，再加入盐、葱段、姜片略煮。

3 盛出，撒上香菜叶即可。

产后第 11 天

新妈妈常常会在如何催乳的问题上下一番心思，而另一个新妈妈一定不要忽视的事情是补钙。新妈妈从孕晚期开始，就已经大量流失钙，此时又为了保证宝宝的骨骼发育良好，要通过乳汁向宝宝供给足够的钙，新妈妈不摄入足量的钙怎么行。

新妈妈一日营养食谱搭配推荐

早餐
牛肉卤面 1 碗
煮鸡蛋 1 个

上午加餐
奶酪 1 块
面包 1 片

午餐
红豆排骨汤 1 碗
羊肝炒荠菜 1 份
海带焖饭 1 碗

下午加餐
火龙果酸奶汁 1 杯
全麦饼干 2 片

晚餐
豆腐馅饼 1 个
奶油白菜 1 份
鸡肝枸杞汤 1 碗

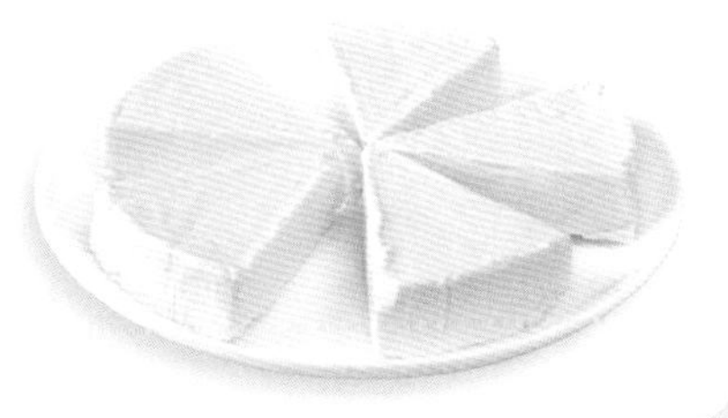

- 富含钙元素的食材搭配富含维生素 D 的食材食用，能达到更好的补钙效果，如豆腐和芹菜。
- 奶酪富含维生素、蛋白质、钙、磷、镁等营养素，能提升乳汁质量、补充钙质，新妈妈可以每次吃一小块，但要注意不要多吃。

牛肉卤面

早餐

补血　健脾益气

营养功效：牛肉卤面可滋补肠胃、健脾益气，能促进新妈妈产后恢复，其中牛肉还有利于新妈妈补血。

原料：面条 100 克，牛肉 50 克，胡萝卜、红椒、竹笋各 20 克，酱油、水淀粉、盐各适量。

做法：

1. 将牛肉、胡萝卜、红椒、竹笋分别洗净，切小丁；面条煮熟，盛入碗中。
2. 油锅烧热，放牛肉丁煸炒，再依次加入胡萝卜丁、红椒丁、竹笋丁翻炒，烹入酱油、盐及水淀粉翻炒。
3. 待牛肉卤炒熟，汤汁稍稠，关火，浇在面条上即可。

宜一周吃1次牛肉，不宜吃太多。

红豆排骨汤

营养功效：红豆含有蛋白质、多种维生素和矿物质，有利尿、消肿的作用，排骨富含钙、铁，搭配食用，能为新妈妈提供所需能量、改善产后初期的水肿症状。

利尿消肿　补钙

午餐

红豆利尿，能促进体内多余水分排出。

原料：排骨 100 克，红豆 20 克，陈皮 10 克，盐适量。

做法：

1 将排骨剁小段洗净，汆烫去血沫，捞出洗净后沥干；陈皮洗净，泡软；红豆洗净，浸泡 4 小时。

2 将除盐外的所有食材放入锅中，倒入适量水，大火煮开后转小火继续炖煮 1 小时。

3 盛出后拣去陈皮，加盐调味即可。

羊肝炒荠菜

营养功效：荠菜能开胃、健脾、消食，而羊肝中富含丰富的铁，与含有较多维生素 C 的荠菜同食，具有很好的补血效果。

健胃　补血

原料：羊肝 100 克，荠菜 50 克，火腿 10 克，姜片、水淀粉、盐各适量。

做法：

1 羊肝洗净，切片；荠菜洗净，切段；火腿切片。

2 锅内加水烧开，放入羊肝片汆烫，捞出洗净。

3 另起油锅，放入姜片、荠菜段，中火炒至断生，加入火腿片、羊肝片翻炒均匀，加盐调味，最后放入水淀粉勾芡即可。

荠菜去体寒，可预防月子病。

海带焖饭

补钙 补碘

营养功效：海带含有丰富的钙、膳食纤维和碘，可为新妈妈提供必需的矿物质。

原料：大米 100 克，水发海带 30 克，盐适量。
做法：

1 大米洗净，浸泡 30 分钟；海带洗净泥沙，切成小块。

2 锅内放入大米及泡米水，用大火烧沸，放入海带块，不停翻搅，熬煮至米粒胀开，水快干时，加盐调味。

3 盖上锅盖，用小火继续焖 10~15 分钟即可。

火龙果酸奶汁

均衡营养 预防便秘

营养功效：火龙果富含膳食纤维及多种维生素，酸奶不仅钙含量丰富，且容易被人体吸收，火龙果酸奶汁还能防治便秘。

原料：火龙果 1 个，酸奶 120 毫升。
做法：

1 火龙果去皮后切小块。

2 将火龙果块、酸奶放入榨汁机中，搅拌均匀即可。

火龙果味甘性凉，不能多吃。

豆腐馅饼

营养功效：豆腐中富含植物蛋白及钙，芹菜中含有较多的维生素 D，可以帮助新妈妈补充体力，也可以为新妈妈补钙。

常吃豆腐可以补充蛋白质，增加免疫力。

晚餐

补钙　补充体力

原料：面粉 100 克，豆腐 80 克，芹菜 50 克，姜末、葱末、盐各适量。

做法：

1 豆腐用手抓碎；芹菜切碎末，用盐微腌，挤干水分。

2 将豆腐碎、芹菜末、姜末、葱末混合成馅料，加盐调味。

3 面粉加适量水和成面团，分成 10 等分，每份擀成面皮，分别包入馅料，先包成包子状。

4 油锅烧热，将包子放入锅内压扁，两面煎熟即可。

奶油白菜

营养功效：白菜中富含多种维生素、矿物质，能帮助新妈妈利尿通便、清热解毒，且此菜口味清淡，适合新妈妈在本周食用。

利尿通便　清热解毒

原料：白菜 100 克，牛奶 120 毫升，高汤、水淀粉、盐各适量。

做法：

1 白菜洗净切小段；将牛奶倒入水淀粉中搅匀。

2 锅中放入白菜段、高汤烧开，转中火烧至八成熟。

3 放入盐和调好的牛奶汁再烧开即可。

白菜含维生素 C，可以提高免疫力，让新妈妈少生病。

产后第 12 天

随着宝宝的长大，新妈妈看护宝宝的工作量也日益增多，体力也随之消耗，加之宝宝的食量也日益增加，新妈妈通过哺乳输出大量的热量和营养。这时，新妈妈应注意在饮食上多补充优质蛋白质，可以比之前适当多增加豆腐、瘦肉的摄入量。

新妈妈一日营养食谱搭配推荐

早餐	上午加餐	午餐	下午加餐	晚餐
紫菜包饭 10 个	牛奶梨片粥 1 碗	芹菜牛肉丝 1 份	莼菜鲤鱼汤 1 碗	明虾炖豆腐 1 碗
煮鸡蛋 1 个	香蕉 1 根	菠菜蛋花汤 1 碗	奶馒头 1 个	香菇炒肉片 1 份
蛋花汤 1 碗		米饭 1 碗		芝麻烧饼 1 个

- 新妈妈应主要以摄入鱼、虾、豆制品类食物来补充蛋白质。
- 剖宫产妈妈的伤口还未愈合，补充优质蛋白质可促进伤口愈合。
- 新妈妈每日需要摄入蛋白质 90~100 克，要注意动物蛋白与植物蛋白搭配补充。

紫菜包饭

改善贫血　滋补身体

营养功效：紫菜富含钙、铁、碘和胆碱，能增强记忆力、改善新妈妈贫血状况，是新妈妈恢复、滋补身体的佳品。

原料：糯米 50 克，鸡蛋 1 个，紫菜 2 片，火腿、黄瓜、沙拉酱、白醋各适量。

做法：

1. 黄瓜洗净切条，加白醋腌制；火腿切条；糯米蒸熟，倒入白醋，拌匀晾凉；鸡蛋打成蛋液，入油锅摊成饼，切丝。
2. 紫菜铺平，将糯米均匀铺在紫菜上，再摆上黄瓜条、火腿条、鸡蛋丝、沙拉酱，卷起，切成 2 厘米的厚卷即可。

紫菜含甘露醇，可预防产后水肿。

早餐

午餐

牛肉补中益气，更有利于新妈妈身体恢复。

芹菜牛肉丝

营养功效：牛肉中的蛋白质含量很高，且较易被人体吸收，与芹菜搭配能补气健脾、强筋壮骨。

补气 健脾胃

原料：牛肉150克，芹菜30克，水淀粉、白糖、盐、姜末、葱花各适量。

做法：

1. 将牛肉洗净，切丝，和酱油、水淀粉拌匀，约腌制1小时；芹菜择叶，去根，洗净，切细段。
2. 油锅烧热，下入姜末、葱末煸香，放入腌好的牛肉丝和芹菜段翻炒，烹入一点清水。
3. 待牛肉和芹菜熟透，放入盐、白糖调味即可。

莼菜鲤鱼汤

营养功效：鲤鱼蛋白质含量高，且有健脾开胃、消水肿、利小便、通乳的功效，是新妈妈坐月子中非常不错的进补食材。

开胃 通乳

原料：鲤鱼1条，莼菜100克，盐适量。

做法：

1. 莼菜洗净，切段；鲤鱼去鳞、去内脏，洗净沥干。
2. 锅中放鲤鱼、莼菜段及适量水大火煮沸，撇去浮沫，转小火继续炖煮20分钟。
3. 出锅前加盐调味即可。

下午加餐

明虾炖豆腐

营养功效：虾与豆腐分别含有丰富的动物蛋白和植物蛋白，可以很好地为新妈妈提供优质蛋白质。另外，虾也具有很好的通乳效果。

通乳 促进身体恢复

原料：虾、豆腐各100克，姜片、盐各适量。

做法：

1. 虾去壳、去头、去虾线，洗净；豆腐冲洗，切块。
2. 锅中加水烧沸，放入虾、豆腐块、姜片，大火煮开，撇去浮沫，转小火继续炖煮。
3. 熟透后拣去姜片，加盐调味即可。

晚餐

产后第 13 天

蔬菜、水果中富含多种维生素、矿物质和膳食纤维，可促进糖分、蛋白质的吸收利用，也可促进胃肠道功能的恢复，帮助新妈妈达到营养均衡的同时也可以预防便秘。水果不单可以生吃，还可以做菜，同样美味有营养。

新妈妈一日营养食谱搭配推荐

早餐
苹果绿豆粥 1 碗
花卷 1 个
煮鸡蛋 1 个

上午加餐
荔枝粥 1 碗
蒸小芋头 1 个

午餐
木瓜煲牛肉 1 份
五香酿西红柿 1 份
米饭 1 碗

下午加餐
鸡蛋挂面 1 碗
酸奶草莓露 1 杯

晚餐
炒红薯泥 1 份
核桃仁爆鸡丁 1 份
烧饼 1 个

- 刚刚生产后的新妈妈牙齿比较敏感，苹果适宜蒸熟后或煮粥食用。
- 新妈妈吃水果时要注意清洁，彻底清洗干净或去皮后再吃，以免发生腹泻。
- 新妈妈在选择蔬菜和水果时要挑应季的食用。

苹果绿豆粥

清热解毒　养心益气

营养功效：绿豆有助于清热排毒，苹果可养心益气、生津止渴，是新妈妈身体恢复时不错的食材。

原料：苹果 1 个，大米 50 克，绿豆 30 克，白糖适量。
做法：

1 苹果去皮洗净，切小块；大米、绿豆洗净，浸泡 1 小时。
2 将大米、绿豆及适量水放入锅中，大火烧沸后放入苹果块，改小火熬煮至米烂粥稠，加入适量白糖调味即可。

荔枝粥

营养功效：荔枝有助于增强机体免疫功能，能提高抗病能力，还能明显改善失眠与健忘的症状。

提高免疫力　改善失眠

原料：大米100克，荔枝50克。

做法：

1 大米淘洗干净，用清水浸泡30分钟；荔枝去壳取肉，用清水洗净。

2 将大米与荔枝肉同时放入锅内，加入清水，用大火煮沸，转小火煮至米烂粥稠即可。

木瓜煲牛肉

营养功效：木瓜具有补虚、通乳的功效，可以促进新妈妈分泌乳汁；木瓜中含有特殊的木瓜酶，能增强人体对肉类中营养素的吸收利用。

补虚　通乳

原料：木瓜20克，牛肉100克，盐适量。

做法：

1 木瓜洗净，去皮、去子，切成小块；牛肉洗净，切成小块，放入沸水中汆烫，除去血沫。

2 木瓜块、牛肉块加适量水用大火烧沸，再用小火炖至牛肉熟烂，最后加盐调味即可。

木瓜能帮助乳汁分泌，让胸部更丰满。

五香酿西红柿

提高免疫力　补充维生素

营养功效：西红柿富含维生素，可提高新妈妈的免疫力。

常食西红柿可减少皮肤色素沉着。

原料：西红柿1个，猪瘦肉25克，虾仁1个，鲜香菇1朵，洋葱半个，香油、盐各适量。

做法：

1 猪瘦肉、虾仁洗净，切碎；鲜香菇去蒂，洗净，切块；洋葱洗净，切块；将上述材料放入搅拌机搅打成馅。

2 西红柿洗净，在根蒂处切出小口，挖出西红柿内瓤，使西红柿成碗状。

3 将内瓤与打成的馅混合，放入盐、香油调味，塞回西红柿内，用保鲜膜封口。

4 蒸锅置火上，放入带馅西红柿大火隔水蒸熟即可。

酸奶草莓露

助消化　润肤

营养功效：草莓含有丰富的维生素C、胡萝卜素、钾、膳食纤维，搭配酸奶，对新妈妈的皮肤有很好的润泽作用，也有利于淡化伤口的瘢痕。

原料：草莓4颗，酸奶250毫升。

做法：

1 草莓洗净，去蒂，切两瓣。

2 将草莓瓣、酸奶放入榨汁机中，一起打匀。

3 倒入杯中即可。

酸奶可以帮助消化，但乳酸菌类的饮料要少喝。

炒红薯泥

营养功效：红薯可益气通乳、润肠通便，是新妈妈产后前期恢复、催乳的不错食材。

通乳　润肠通便

晚餐

红薯富含膳食纤维，能帮助改善便秘。

原料：红薯300克，白糖、盐各适量。

做法：

1 红薯上锅蒸熟，去皮，捣成红薯泥，加入适量白糖，拌匀。

2 油锅烧热，倒入红薯泥，快速翻炒，不停地晃动炒锅，防止红薯泥粘锅。

3 待红薯泥炒至变色即可。

核桃仁爆鸡丁

营养功效：核桃仁、松子仁等坚果可以健脑益智，是新妈妈的常备零食，可以每天适量吃一些。

健脑益智　润肠

原料：鸡肉100克，核桃仁30克，松子仁10克，鸡蛋1个，盐、水淀粉、酱油、鸡汤各适量。

做法：

1 鸡蛋取蛋清；鸡肉洗净，切丁，用蛋清、水淀粉抓匀；核桃仁、松子仁炒熟；鸡汤中加盐、酱油调成汁。

2 油锅烧热，放入鸡肉丁炒至变色，放入鸡汤汁翻炒均匀。

3 下入核桃仁、松子仁，炒熟即可。

可用开水加盐浸泡去掉核桃仁皮。

产后第 14 天

经过近 2 周的调养、休息，新妈妈的身体逐渐恢复，肠胃功能有所增强，胃口也好了起来，这时，新妈妈可以适当多吃一些有营养的食品，除了明显对身体无益或吃后容易过敏的食物外，摄入的食物品种也应逐渐丰富起来。

新妈妈一日营养食谱搭配推荐

早餐	上午加餐	午餐	下午加餐	晚餐
牛肉饼 1 块 煮鸡蛋 1 个 豆浆 1 杯	南瓜饼 2 块 酸奶 1 杯	鲢鱼丝瓜汤 1 碗 银耳拌豆芽 1 份 鸡蛋饼 2 块	木耳红枣瘦肉汤 1 碗 猕猴桃 1 个	桃仁莲藕汤 1 碗 熘肝尖 1 份 大米粥 1 碗

- 新妈妈的饮食中，食材的品种应尽量丰富多样，这样营养才能均衡、全面。
- 西红柿、绿叶蔬菜等食材不宜久煮，否则其中的营养容易流失或被破坏，使新妈妈得不到足够的补充。

牛肉饼

补血 补铁

营养功效：牛肉中铁、锌含量较多，铁可以帮新妈妈补血，锌则有利于宝宝神经系统的发育。

原料：牛肉馅 250 克，鸡蛋 1 个，葱末、姜末、盐、老抽、香油、淀粉各适量。

做法：

1 牛肉馅中加入鸡蛋、盐、老抽、香油搅匀，放入葱末、姜末、淀粉搅打上劲。

2 油锅烧热，将打好的牛肉馅放入，摊平煎熟即可。

鲢鱼搭配丝瓜可以生血通乳。

鲢鱼丝瓜汤

促进乳汁分泌　补充营养

营养功效：鲢鱼丝瓜汤可促进乳汁分泌，适宜乳汁不足的新妈妈。

原料：鲢鱼1条，丝瓜1根，葱段、姜片、白糖、盐各适量。

做法：

1 鲢鱼去鳞、去内脏，洗净；丝瓜洗净，去皮后切成条。
2 鲢鱼放入锅中，加入白糖、姜片、葱段、适量清水，大火烧开后转小火慢炖10分钟。
3 放入丝瓜条，煮至鲢鱼、丝瓜条熟透后加盐调味即可。

木耳红枣瘦肉汤

养血　调味补脾

营养功效：此汤含有丰富的蛋白质、铁、钙及大量的膳食纤维，有养血止血、调胃补脾的功效。

原料：木耳30克，猪瘦肉100克，红枣4颗，姜片、盐各适量。

做法：

1 木耳泡发洗净，撕小朵；红枣洗净；猪瘦肉洗净，切丝。
2 把木耳、红枣放入锅中，加入适量清水，煲10分钟。
3 加入猪瘦肉丝和姜片，煮开至熟，加适量盐调味即可。

下午加餐

桃仁莲藕汤

化瘀止痛　排毒养颜

营养功效：桃仁有化瘀止痛的功效，莲藕富含多种维生素，可帮助新妈妈排毒养颜。

原料：桃仁10克，莲藕150克，盐适量。

做法：

1 莲藕洗净切片；桃仁去皮打碎。
2 桃仁碎、莲藕片放锅内，加水煮成汤，待桃仁、莲藕熟透，加盐调味即可。

PART 3

产后第3周

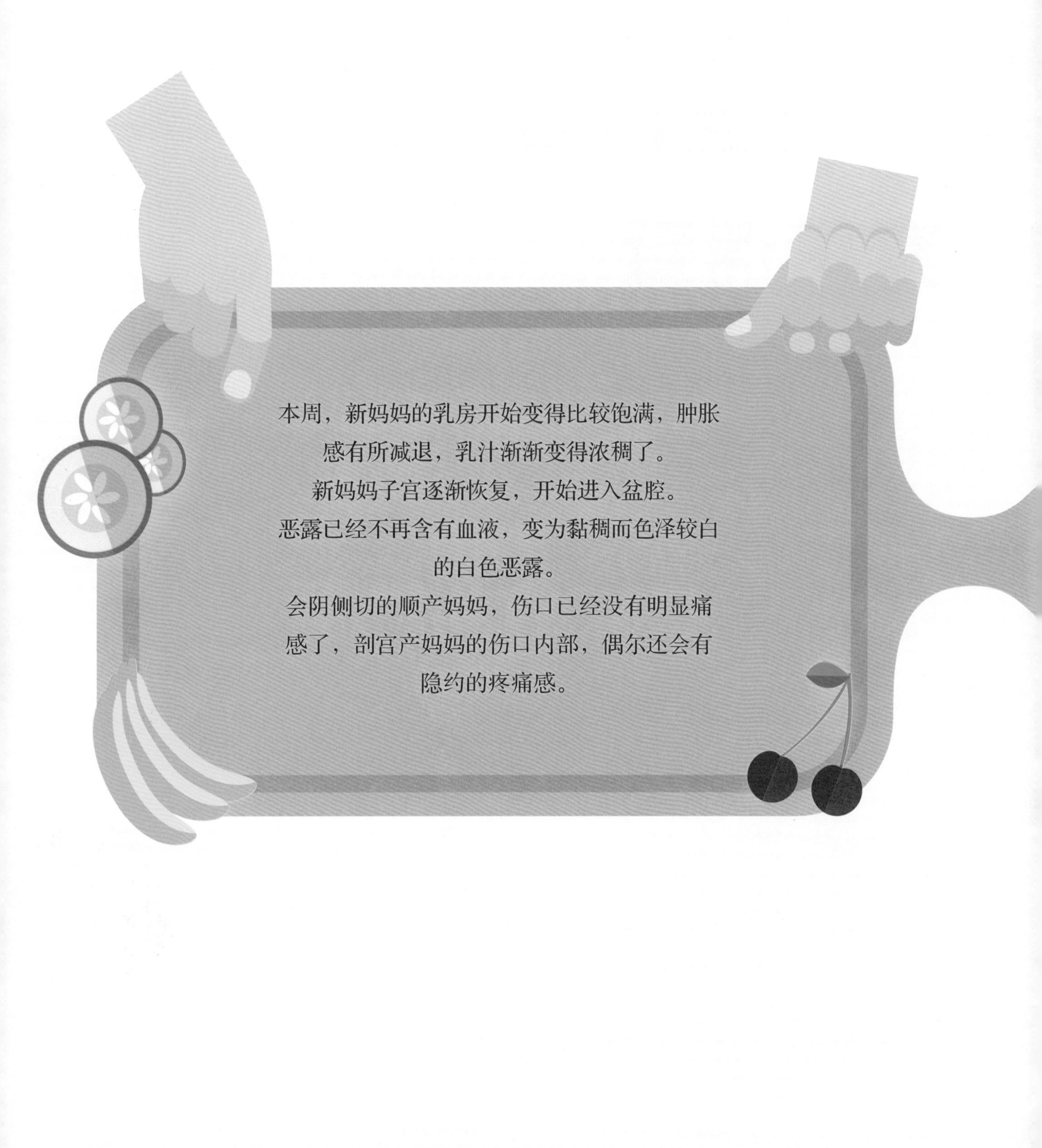
本周，新妈妈的乳房开始变得比较饱满，肿胀
感有所减退，乳汁渐渐变得浓稠了。
新妈妈子宫逐渐恢复，开始进入盆腔。
恶露已经不再含有血液，变为黏稠而色泽较白
的白色恶露。
会阴侧切的顺产妈妈，伤口已经没有明显痛
感了，剖宫产妈妈的伤口内部，偶尔还会有
隐约的疼痛感。

第3周饮食宜忌速查

本周是新妈妈进补的关键时期，本周开始，宝宝的食量增大了，哺乳妈妈也跟着需要进补得更多了，在饮食上要多吃些高蛋白食物，这样可以帮助新妈妈尽快恢复身体。哺乳妈妈除了注意补充蛋白质，还要开始注意吃些催乳的食物，能提高乳汁质量，保证宝宝每天从母乳中摄取足量的营养成分。

宜及时补充体内水分

哺乳妈妈在生产过程中和产后都会大量排汗，又要给宝宝哺乳，而乳汁中约有80%的成分都是水，因此产后新妈妈需要补充大量的水分，以确保产后新妈妈身体的健康和乳汁的充足。

营养师给新妈妈的私信

- 补血在前，催乳在后。缺血会使新妈妈身体失去活力，乳汁质量也不高，新妈妈应先以恢复身体为主。
- 如果新妈妈恢复得好，本周可以开始重点催乳了，适量摄入蛋白质对此很有益处。
- 本周新妈妈的胃口已经恢复得很好了，但新妈妈要注意饮食需适量，避免让体重增加，否则，不利于新妈妈的产后恢复。

补充优质蛋白

蛋、奶、瘦肉类及豆制品可以为新妈妈补充优质蛋白质，月子期间可以交替做给新妈妈吃。

宜加强进补

分娩让新妈妈的身体损耗极大，还不能在短时间内完全复原，通过前2周的饮食调养，新妈妈会明显感觉有劲儿了，但是此时仍要注意补充体力，以避免新妈妈出现身体疼痛、不适等症状，新妈妈可以吃富含蛋白质的肉类、含碳水化合物的面包等食物进补。

宜多吃芝麻

芝麻具有调节产后血虚，改善乳汁不足的功效，适宜本周多吃一些，能帮助新妈妈补血、下奶。另外，芝麻性味甘平，具有滋养肝肾的作用，还含有丰富的不饱和脂肪酸，有利于宝宝大脑的发育。产后新妈妈可以适当吃些芝麻，能通过乳汁使宝宝吸收到更多的营养。

宜吃清火食物

新妈妈在月子中吃了很多大补的食物，再加上宝宝的到来打乱了原来的生活节奏，新妈妈很容易上火。一旦新妈妈上火，身体健康便会受影响，不利于新妈妈产后调养，而且还会对乳汁有所影响，所以新妈妈要注意照顾好自己，此时应当多吃一些清火的食物，如荸荠、苹果、芹菜等。

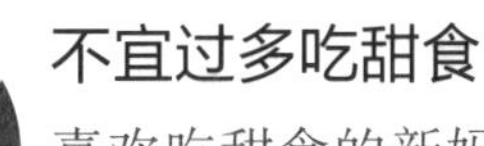

不宜过多吃甜食

喜欢吃甜食的新妈妈应在产后适当控制甜食的摄入，如面包、蛋糕、糖果等。甜食吃的过多不仅会影响新妈妈正常的食欲，过多的糖分还不易消化，会在体内转化成脂肪，使人发胖。因而无论从健康还是身材方面考虑都应少吃甜食。

不宜晚餐吃得过饱

产后新妈妈身体的各个系统尚未恢复，晚餐不宜吃得过饱，否则容易引起多种问题。首先，如果晚餐吃得太饱，胃肠负担不了，会引起消化不良、胃胀等症状。其次，晚餐吃得太饱，还会影响睡眠质量，新妈妈得不到优质的休息，也不利于身体的恢复。

不宜只吃一种主食

产后新妈妈身体虚弱，肠道消化能力也弱，除了食物要做得软烂外，还要有营养，保持饮食多样化。尤其是月子中的主食，新妈妈可以有很多选择，比如：小米可开胃健脾、补血健脑、助安眠，适合产后食欲不振、失眠的新妈妈；大米可活血化瘀，用于防治产后恶露不净、淤滞腹痛；糯米适用于产后体虚的新妈妈；燕麦富含B族维生素，也是不错的补益佳品。主食多样化才能满足人体各种营养需要，提高利用率，使营养吸收达到高效，进而达到强身健体的目的。

不宜完全限制盐的摄入

有些新妈妈以为在月子中吃盐会伤胃，不利于身体恢复，所以总是吃很清淡的饭菜，一点盐都不放。其实，新妈妈在月子里出汗较多，乳腺分泌也很旺盛，容易发生因失钠、失水而引起的脱水，不吃盐只会加重身体脱水。因此，新妈妈应在饭菜中加少量盐。

不宜盲目补钙

新妈妈由于哺乳、身体恢复需要补钙，但是新妈妈不能因此而大量、盲目地补钙。过量摄入钙质，容易导致便秘，可能诱发泌尿系统结石，也可能通过乳汁影响宝宝的生长发育。因此，新妈妈补钙一定要适量，过多过少都无益，最好在医生的指导下进行补充。

不宜一次摄入过量水分

新妈妈大多会在孕晚期出现水肿现象，产后坐月子正是新妈妈身体恢复的好时机，要让身体内积聚的多余水分尽量排出，如果在这时一次性喝大量的水，将不利于身体的代谢，反而还会影响到新妈妈的恢复。饮水时，最好做到分次适量地喝，不要一次饮用大量的水。每天6~8杯水是最合适的。

不同类型新妈妈本周进补方案

顺产妈妈身体基本已经恢复如前，没有明显疼痛感；剖宫产妈妈恢复较慢，伤口还没有完全愈合，有时仍会感到疼痛。本周应以新妈妈自身恢复状况来进行调养、催乳，因此顺产妈妈与剖宫产妈妈进补方法仍有所区别。

顺产妈妈

顺产妈妈的身体恢复较快，身体的不适感也有所减轻，能感觉到身体较前2周有力气了，但顺产妈妈不要大意，还是应该注意补血、补钙、补充蛋白质等营养素。顺产妈妈此时还是要多喝些汤、粥，汤、粥类食物容易吸收，食物中的各种营养素更容易被新妈妈利用，有利于新妈妈身体恢复、不留月子病。

本周必备食材单品

1. **乌鸡** 补血养气
2. **虾** 通乳养血
3. **牛肉** 促进伤口愈合
4. **枸杞子** 增强免疫力
5. **鲫鱼** 催乳

虾皮粥含有丰富的蛋白质和矿物质，尤其是钙的含量较为丰富。

剖宫产妈妈

剖宫产妈妈身体还未恢复，不要急于催乳，应先将身体状态调整好，适当吃些促进伤口愈合的食物，如牛肉、乳鸽、西红柿等。待将身体调养好，再做催乳的准备，这样做不仅新妈妈的健康得到了保证，乳汁的质量也能得到保证。剖宫产妈妈也不要觉得有压力，心情放松、合理饮食才是最快的恢复方法。

哺乳妈妈

哺乳妈妈在进行催乳的同时，还要摄入全面的营养，尽量做到不挑食。催乳和补铁的食物都要常吃，还要多吃含维生素的蔬菜、高钙的汤和肉类，做到荤素搭配，营养素才更容易被吸收，有助于提高乳汁质量，使宝宝营养摄入更丰富、全面。如鳝丝打卤面、豌豆炖鱼头汤等都很适合哺乳妈妈食用。

猪肉是日常生活的主要副食品，具有补虚强身、滋阴润燥、丰肌泽肤的作用。

胡萝卜不仅可以改善哺乳期妈妈的便秘，还能让奶水质量变得更好。

第 3 周新妈妈吃点啥

新妈妈的身体恢复仍是本周的重点，哺乳妈妈如果情况良好，本周就可以开始着手催乳了，但哺乳妈妈要注意催乳和补充多种营养素同时进行，这样既能帮助新妈妈尽快复原，也能提高乳汁质量。

产后第 15 天

新妈妈身体上的不适减轻了，恶露也少了。新妈妈可以开始尝试相对多样的饮食，并以通乳、补气血为主。

新妈妈一日营养食谱搭配推荐

早餐	上午加餐	午餐	下午加餐	晚餐
西红柿面疙瘩 1 碗 煮鸡蛋 1 个 拌海带丝 1 份	红枣枸杞粥 1 碗 橘子 1 个	猪蹄肉片汤 1 碗 清炒笋片 1 份 胡萝卜菠菜炒饭 1 碗	什锦水果羹 1 碗 核桃 2 颗	豌豆炒鱼丁 1 份 通草鲫鱼汤 1 碗 米饭 1 碗

- 新妈妈要避免吃寒凉的食物，以免引起身体不适，影响乳汁分泌。
- 哺乳妈妈可适当用通草、王不留行等中草约进行调理，促进乳汁分泌。
- 新妈妈给宝宝哺乳时，不仅输送出热量，也将身体内多种营养素供应给宝宝，如铁、钙等，新妈妈应注意及时补充营养。

西红柿面疙瘩

滋补身体 养肠胃

营养功效：西红柿富含维生素 C 和铁，可帮助新妈妈补铁，鸡蛋中蛋白质、钙的含量十分丰富，适合本周新妈妈食用，两者搭配，滋补的同时可解油腻、养肠胃。

原料：西红柿 1 个，面粉 50 克，鸡蛋 2 个，盐适量。

做法：

1 面粉加水，搅拌成颗粒状的面疙瘩；鸡蛋打散；西红柿洗净，切小块。

2 油锅烧热，倒入鸡蛋液炒散，加适量水、西红柿块大火煮开。

3 将面疙瘩慢慢倒入锅中煮至面粉熟透，放盐调味即可。

早餐

红枣枸杞粥

营养功效：枸杞子、红枣都有滋养气血的功效，对有气血不足、脾胃虚弱等不适的新妈妈来说是很好的补品。

补气血 养脾胃

原料：枸杞子5克，红枣2颗，大米30克，白糖适量。

做法：

1 将枸杞子洗净，除去杂质；红枣洗净，去核；大米淘洗干净，浸泡30分钟。

2 将枸杞子、红枣和大米放入锅中，加适量水，用大火烧沸。

3 转小火继续熬煮30分钟，加入白糖调味即可。

猪蹄肉片汤

营养功效：猪蹄是通乳的不错食物，汤中的瘦肉还能为新妈妈补血。

通乳 补血

原料：猪蹄1只，猪瘦肉、冬笋、木耳、肉皮、香油、姜片、盐各适量。

做法：

1 肉皮泡发切片；猪瘦肉切片；冬笋切片；木耳泡发，撕成小朵；猪蹄洗净，切块，用沸水汆烫，除去血沫。

2 另起锅，放香油烧热，放入姜片、肉皮片、猪蹄块、猪瘦肉片炒至变色。

3 将炒好的猪蹄块、猪瘦肉片、肉皮片、木耳、冬笋片放入高压锅中同煮，待猪蹄烂透，加盐、香油调味即可。

猪蹄汤里面有丰富的蛋白质，可以提高免疫力。

胡萝卜菠菜炒饭

营养功效：此道主食富含蛋白质、胡萝卜素、铁、钙等营养素，有利于新妈妈身体的恢复和乳汁质量的提高。

补钙

补虚

原料：米饭1碗，鸡蛋2个，胡萝卜、菠菜各20克，葱末、盐各适量。

做法：

1 胡萝卜洗净，切丁；菠菜洗净，切碎；鸡蛋打成蛋液备用。

2 油锅烧热，放鸡蛋液炒散成块，盛出备用。

3 另起油锅，放葱末煸香，加入胡萝卜丁、菠菜碎、鸡蛋块翻炒2分钟，加米饭翻炒均匀，加盐调味即可。

什锦水果羹

均衡营养

缓解便秘

营养功效：水果是预防和缓解产后新妈妈便秘之苦的健康食材，用炖煮的烹调方式，让新妈妈摄取丰富营养的同时换一个口味。

原料：苹果、草莓、白兰瓜、猕猴桃各50克。

做法：

1 将苹果、白兰瓜洗净去皮、去子、去核，切成边长约1.5厘米的方丁；草莓洗净，去蒂，切成两瓣；猕猴桃剥皮取肉，切成边长约2厘米的块。

2 将苹果丁、白兰瓜丁、猕猴桃块、草莓瓣一同放入锅内，加清水大火煮沸，转小火再煮10分钟即可。

苹果与水产品同食，会导致便秘。

豌豆炒鱼丁

促进乳汁分泌 促进乳腺发育

营养功效：豌豆具有促进乳汁分泌的功效，鳕鱼肉中含有丰富的维生素 A 和不饱和脂肪酸，常吃可促进乳腺发育，起到催乳的作用。

原料：豌豆 100 克，鳕鱼 200 克，盐适量。
做法：

1 鳕鱼去皮、去骨刺，切成小丁；豌豆洗净。

2 油锅烧热，倒入豌豆翻炒片刻，下入鳕鱼丁、盐翻炒均匀。

3 待鳕鱼丁、豌豆熟透即可。

通草鲫鱼汤

通乳 养身

营养功效：鲫鱼、通草都有通乳的作用，此汤是乳汁不足新妈妈的食疗佳品。

原料：鲫鱼 1 条，黄豆芽 30 克，通草 3 克，盐适量。
做法：

1 将鲫鱼去鳞、去内脏，洗净；黄豆芽择洗干净；通草冲洗 1 遍，切段后用水浸泡。

2 锅置火上，加入适量清水，放入鲫鱼用小火炖煮 15 分钟。

3 再放入黄豆芽、通草及泡通草的水炖煮 10 分钟，去掉黄豆芽，加盐调味即可。

鲫鱼汤含有多种维生素和矿物质，能帮助新妈妈增加乳汁及提高乳汁质量。

产后第 16 天

营养均衡摄取仍是此时新妈妈应遵循的饮食原则，饮食要粗细兼顾、荤素搭配，这样既可保证各种营养的摄入，还可与蛋白质起到互补的作用，提高食物的营养价值，对新妈妈身体的恢复、乳汁质量的提升很有益处。

新妈妈一日营养食谱搭配推荐

早餐
红豆黑米粥 1 碗
煮鸡蛋 1 个
肉包 1 个

上午加餐
双红乌鸡汤 1 碗
牛奶 1 杯

午餐
鲢鱼丝瓜汤 1 碗
肉末炒芹菜 1 份
鸡蛋饼 2 块

下午加餐
黑芝麻杏仁粥 1 碗
鹌鹑蛋 3 个

晚餐
玉米香菇虾肉饺 15 个
绿豆汤 1 碗

- 新妈妈可以将 2~4 种谷类或豆类混合在一起做成主食，营养更均衡。
- 粗粮虽好也不能多食，否则新妈妈很容易消化不良，每天以不超过 200 克为宜。

红豆黑米粥

早餐

补血 养胃

营养功效：黑米有滋阴养肾、补胃暖肝的功效，可缓解产后新妈妈头晕目眩、贫血、腰酸等不适。

原料：红豆 50 克，黑米 50 克，大米 20 克。

做法：

1 红豆、黑米、大米分别洗净，用清水泡 1 小时。

2 将浸泡好的红豆、黑米、大米放入锅中，加入足量水用大火煮开。

3 转小火继续煮至红豆开花，黑米、大米熟透即可。

红豆黑米粥还具有补益气血的功效。

牛肉炒菠菜

营养功效：菠菜富含铁，可帮新妈妈改善缺铁性贫血，牛肉可强筋健骨，两者搭配可益气血、强筋骨，还能修复组织。

补铁　预防贫血

原料：牛肉150克，菠菜100克，葱花、姜末、盐、白糖、淀粉各适量。

做法：

1 菠菜洗净切长段；牛肉沿横纹切片，将姜末、盐、白糖、淀粉加适量水调匀，放入牛肉片中拌匀腌制15分钟。

2 油锅烧热，放葱花爆香，再放入菠菜段，加盐煸炒片刻，最后放入腌制好的牛肉片，炒熟即可。

猪肉与菠菜搭配，补血效果更佳。

黑芝麻杏仁粥

下午加餐

营养功效：黑芝麻具有润肠通便、滋补肝肾等功效，适合产后肠失濡润所致便秘的新妈妈。

润肠通便　养身

原料：黑芝麻20克，熟杏仁15克，大米100克，冰糖适量。

做法：

1 将黑芝麻、大米洗净，浸泡30分钟。

2 黑芝麻与大米一起放入搅拌机中打成糊状。

3 锅内放少许水烧沸，加冰糖溶化后将黑芝麻米糊缓缓倒入，边煮边搅拌，煮熟后放入熟杏仁即可。

玉米香菇虾肉饺

晚餐

营养功效：虾肉软烂易消化，可滋阴养胃，提供优质动物蛋白质。

滋阴养胃　补充能量

原料：饺子皮15张，猪肉150克，鲜香菇、虾仁各50克，玉米粒15克，胡萝卜丁30克，盐适量。

做法：

1 玉米粒洗净；鲜香菇、虾仁洗净，切丁；猪肉洗净，切块。

2 猪肉块、胡萝卜丁放入搅拌机中打碎，盛出后加香菇丁、虾仁丁、玉米粒、盐拌匀，制成馅料。

3 馅料包入饺子皮，锅中加水烧沸，下入饺子煮至熟透即可。

产后第 17 天

本周新妈妈要加强营养的全面摄入，如搭配吃含丰富维生素和矿物质的蔬菜；含钙量高的肉类；含蛋白质高的蛋类和豆类等方式来全面补充营养，可以吃些像雪菜肉丝面这样全面富含蛋白质、维生素和碳水化合物等营养的食物。

新妈妈一日营养食谱搭配推荐

早餐
雪菜肉丝面 1 碗
煮鸡蛋 1 个
拌笋丝 1 份

上午加餐
白斩鸡 1 份
苹果 1 个

午餐
清炒黄豆芽 1 份
豆腐鲤鱼汤 1 碗
米饭 1 碗

下午加餐
红枣花生乳鸽汤 1 碗
葡萄干 10 个

晚餐
三丝牛肉 1 份
猪骨萝卜汤 1 碗
花卷 1 个

- 牛肉不仅能为新妈妈提供优质蛋白质、补血益气，还能促进伤口愈合，剖宫产妈妈可以适当吃些。
- 食材可替换，营养不减分，如果某一个食材还没有到上市的季节，可以用其他食材代替，如蘑菇代替芦笋，鳕鱼代替鳝鱼等。

雪菜肉丝面

均衡营养 温补

营养功效：雪菜富含维生素 C、钙和膳食纤维等营养素，雪菜肉丝面味道浓郁鲜美，具有很强的温补作用。

早餐

原料：面条 100 克，猪肉丝 60 克，雪菜 30 克，盐、葱花、姜末、高汤各适量。

做法：

1 雪菜洗净，加清水浸泡 2 小时捞出沥干，切碎末。

2 油锅烧热，下葱花、姜末、猪肉丝煸炒至肉丝变色，再放入雪菜末翻炒，放入盐，炒熟后盛出。

3 煮熟面条，挑入碗内，舀入高汤，把炒好的雪菜肉丝浇上即可。

白斩鸡

营养功效：白斩鸡保留了三黄鸡的原味，蘸上调好的小料，口味诱人，让新妈妈在品尝美味的同时，还能益气养血，补肾益精。

益气养血　补肾

白斩鸡肉质细嫩，益于产后新妈妈滋补身体。

原料：三黄鸡1只，葱花、姜末、香油、醋、盐、白糖各适量。
做法：

1 三黄鸡去内脏，洗净，放入热水锅，小火焖30分钟。
2 葱花、姜末同放到碗里，再加入白糖、盐、醋、香油，用焖鸡的鸡汤将其调匀。
3 把鸡拿出来剁小块，放入盘中，把调好的料汁淋到鸡肉上即可。

清炒黄豆芽

营养功效：黄豆芽是很经济实用的下奶、补血食材，哺乳妈妈可常食。

下奶　补血

原料：黄豆芽300克，葱花、姜丝、盐各适量。
做法：

1 黄豆芽掐去根须，洗净。
2 油锅烧热，放入葱花、姜丝炒出香味，加入黄豆芽同炒至熟，加盐调味即可。

豆芽富含膳食纤维，可缓解产后便秘。

午餐

豆腐鲤鱼汤

营养功效：豆腐中蛋白质、钙的含量都很高，且易于被新妈妈吸收，清淡的口味也颇受新妈妈的喜爱。

鲤鱼富含优质蛋白，有滋补功效。

补钙 易吸收

原料：鲤鱼 1 条，豆腐 50 克，葱花、盐、姜片各适量。

做法：

1 豆腐洗净，切厚片；鲤鱼去鳃、去鳞后洗净，切块。

2 将鲤鱼块、豆腐片、姜片放入锅内，加清水煮开，去浮沫，转小火煮 20 分钟。

3 出锅加盐调味，撒上葱花即可。

红枣花生乳鸽汤

营养功效：红枣花生乳鸽不仅可以帮助哺乳妈妈分泌乳汁，还能促进新妈妈的伤口愈合。

催乳 养身

原料：红枣、花生仁、桂圆肉各 30 克，乳鸽 1 只，葱段、姜片、枸杞子、盐各适量。

做法：

1 红枣、花生仁、桂圆肉洗净，浸泡 1 小时；乳鸽除去内脏，洗净，在沸水中汆烫一下，洗去血沫。

2 在砂锅中放入适量清水，烧沸后放入乳鸽、红枣、花生仁、桂圆肉、葱段、姜片，大火煮沸。

3 转小火继续煲煮，待食材熟透后加盐调味即可。

三丝牛肉

营养功效：牛肉不仅能帮助新妈妈促进伤口愈合，还能提供丰富的蛋白质、铁等营养素，剖宫产妈妈和哺乳妈妈都很适宜。

均衡营养 提供能量

原料：牛肉100克，水发木耳10克，胡萝卜50克，香油、酱油、白糖、盐、葱花各适量。

做法：

1 水发木耳、胡萝卜洗净，切丝；牛肉洗净，切丝，用香油、酱油、白糖将牛肉丝腌30分钟。

2 油锅烧热，放入牛肉丝炒至八成熟后取出备用。

3 将木耳丝、胡萝卜丝放入锅中翻炒片刻，最后加入牛肉丝炒熟，放盐调味，盛出时撒上葱花即可。

猪骨萝卜汤

营养功效：猪骨汤可以帮助新妈妈补钙，摄入胶原蛋白；白萝卜具有温胃消食、滋阴润燥的功效，有助于新妈妈调理身体。

温胃消食 补钙

原料：猪棒骨200克，白萝卜50克，胡萝卜30克，陈皮5克，蜜枣4颗，盐适量。

做法：

1 猪棒骨洗净，用热水汆烫，洗去血沫；白萝卜、胡萝卜去皮洗净，切滚刀块；陈皮浸开，刮洗净。

2 煲内放适量清水，待水煮沸时，放入猪棒骨、白萝卜块、胡萝卜块、陈皮、蜜枣同煲3小时，加盐调味即可。

猪骨除了可以美容，还可以促进伤口愈合、增强体力。

产后第 18 天

新妈妈在月子期间还要照顾宝宝，事情一多，就会很容易觉得累，疲劳时新妈妈可以尝试喝一些可缓解疲劳的汤、粥，多吃水果，放松心态，新妈妈在补血、催乳的同时，也要照顾好自己。

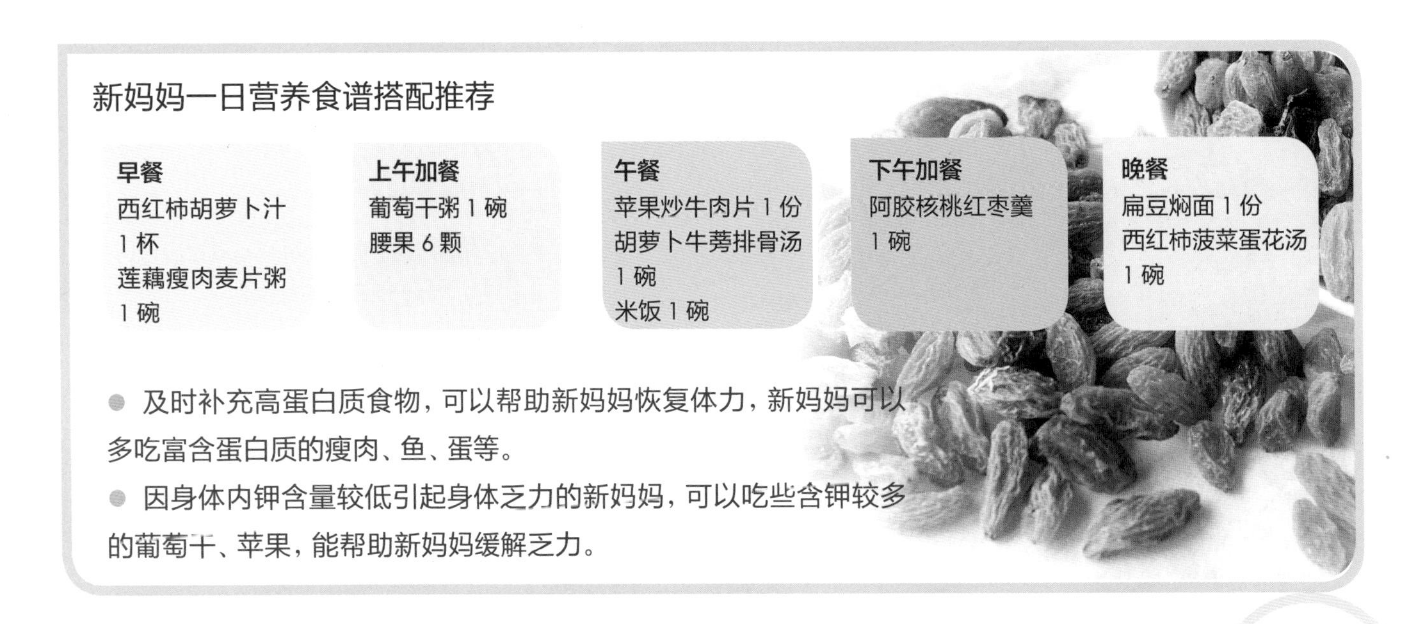

新妈妈一日营养食谱搭配推荐

早餐
西红柿胡萝卜汁 1 杯
莲藕瘦肉麦片粥 1 碗

上午加餐
葡萄干粥 1 碗
腰果 6 颗

午餐
苹果炒牛肉片 1 份
胡萝卜牛蒡排骨汤 1 碗
米饭 1 碗

下午加餐
阿胶核桃红枣羹 1 碗

晚餐
扁豆焖面 1 份
西红柿菠菜蛋花汤 1 碗

- 及时补充高蛋白质食物，可以帮助新妈妈恢复体力，新妈妈可以多吃富含蛋白质的瘦肉、鱼、蛋等。
- 因身体内钾含量较低引起身体乏力的新妈妈，可以吃些含钾较多的葡萄干、苹果，能帮助新妈妈缓解乏力。

西红柿胡萝卜汁

早餐

提高免疫力 排毒养颜

营养功效：西红柿、胡萝卜中富含胡萝卜素、膳食纤维等营养素，既可排毒养颜，又能提高新妈妈的免疫力。

原料：西红柿 1 个，胡萝卜半根，蜂蜜适量。

做法：

1. 西红柿、胡萝卜分别去皮洗净，切块。
2. 将西红柿块、胡萝卜块放入榨汁机中，加适量温开水，搅打成汁。
3. 调入蜂蜜即可。

莲藕瘦肉麦片粥

营养功效：莲藕富含B族维生素，能帮助新妈妈消除疲劳，还能帮助哺乳妈妈催乳。

消除疲劳 催乳

原料：大米50克，莲藕30克，猪瘦肉20克，玉米粒、枸杞子、麦片、葱花、盐各适量。

做法：

1 大米洗净，泡30分钟；莲藕洗净，切片；猪瘦肉洗净，切丁；枸杞子洗净。

2 将藕片、玉米粒焯熟；猪瘦肉丁汆烫，除去血沫；大米熬煮成粥。把藕片、玉米粒、猪瘦肉丁、枸杞子、麦片放入粥中，继续煮至熟烂。

3 最后加盐调味，撒上葱花即可。

葡萄干粥

营养功效：葡萄干中钾含量较高，适宜因体内钾含量较低引起身体乏力的新妈妈食用。另外，葡萄干中钙含量丰富，有助于补钙。

补充体力 补钙

原料：大米50克，葡萄干20克，蜂蜜适量。

做法：

1 大米洗净，浸泡30分钟；葡萄干洗净，浸泡10分钟。

2 锅内加适量水，放入大米煮粥。

3 大火煮沸后改用小火熬煮40分钟后关火，待粥晾温后加入蜂蜜、葡萄干搅匀即可。

葡萄干含糖量较高，食用要适量。

苹果炒牛肉片

牛肉补脾和胃、益气增血，适合新妈妈产后食用。

营养功效：牛肉具有补脾胃、益气血的功效，能够帮助新妈妈修复身体组织，更适合用来补血补气。

补血 补虚

原料：牛肉 200 克，苹果 1 个，葱花、酱油、盐、水淀粉、鸡汤各适量。

做法：

1. 牛肉去筋膜，切薄片，放入碗中，加酱油、盐、水淀粉腌制 10 分钟；苹果洗净，去皮、去核，切薄片，码在盘中铺底。
2. 油锅烧热，放入腌好的牛肉片翻炒，熟后捞出控油。
3. 另起油锅烧热，倒入牛肉片翻炒均匀，再倒入鸡汤烧开，用水淀粉勾芡，出锅浇在铺好的苹果片上，撒上葱花即可。

胡萝卜牛蒡排骨汤

营养功效：牛蒡含有一种非常特殊的养分——牛蒡苷，有帮助筋骨发达、增强体力、缓解疲劳的功效。

强筋骨 补体力

原料：排骨 100 克，牛蒡 30 克，胡萝卜 20 克，盐适量。

做法：

1. 排骨洗净，斩段，汆烫，除去血沫；胡萝卜洗净，去皮，切块；牛蒡用小刷子刷去表面的黑色外皮，切成小段。
2. 把排骨段、牛蒡段、胡萝卜块放入锅中，加适量清水，大火煮开，转小火再炖 1 小时。
3. 出锅时加盐调味即可。

牛蒡中的膳食纤维可以促进肠胃蠕动，帮助排便。

阿胶核桃红枣羹

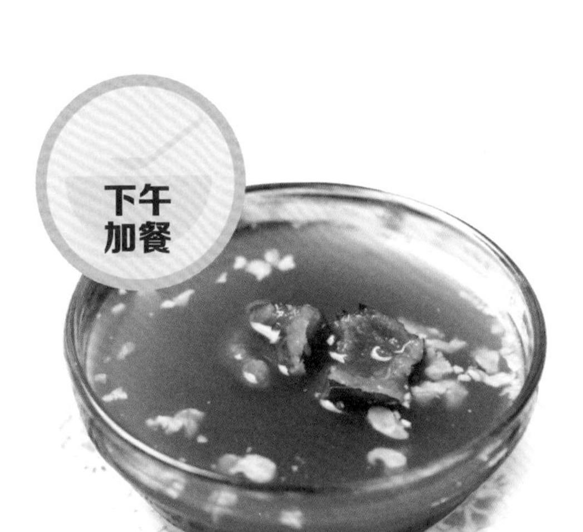

营养功效：阿胶为妇科上等良药，可减轻产后新妈妈出血过多引起的气短、乏力、头晕、心慌等症状。

益气血 催乳

原料：阿胶、核桃仁各 50 克，红枣 3 颗。

做法：

1 核桃仁去皮，捣碎备用。

2 红枣洗净，取出枣核，枣肉切半备用。

3 把阿胶砸成碎块，和适量水一同放入瓷碗中，隔水蒸化后备用。

4 红枣、核桃碎放入砂锅内加清水用小火慢煮 20 分钟。

5 将蒸化后的阿胶放入锅内，与红枣、核桃碎同煮 5 分钟即可。

西红柿菠菜蛋花汤

营养功效：西红柿不仅有抗氧化的功能，还有提升免疫力的功效，可增强产后新妈妈的抗病能力。

提高免疫力 抗氧化

原料：西红柿 2 个，菠菜 50 克，鸡蛋 1 个，香油、盐各适量。

做法：

1 将西红柿洗净，用开水烫一下，去皮，切片；菠菜择洗干净，切成段；鸡蛋打散。

2 油锅烧热，放入西红柿片煸出汤汁，加入适量水。

3 水烧开后放入菠菜段、鸡蛋液、盐，再煮 3 分钟，出锅时滴入香油即可。

西红柿菠菜蛋花汤，可促进肠蠕动、改善便秘。

产后第 19 天

一直流传“生完孩子傻三年”这样的说法，其实，并不是指新妈妈真的傻了，而是新妈妈在怀孕期、产褥期及哺乳期中因激素变化引发的记忆力衰退、反应变得相对迟钝等一系列表现。这时，新妈妈可以多吃一些益智健脑的食物，如核桃、鱼头等。

新妈妈一日营养食谱搭配推荐

早餐
鱼头香菇豆腐汤 1 碗
猪肉包 1 个

上午加餐
核桃黑芝麻花生粥 1 碗
苹果 1 个

午餐
春笋蒸蛋 1 份
萝卜丸子汤 1 碗
馒头 1 个

下午加餐
银耳樱桃粥 1 碗
酸奶 1 杯

晚餐
海带豆腐汤 1 碗
豆沙包 1 个
苋菜粥 1 碗

- 哺乳妈妈吃些益智补脑的食物，调养自己的同时，也有利于宝宝的大脑发育，但核桃很容易氧化，新妈妈应剥开后尽快食用，不要将核桃仁存放太久。
- 鸡蛋对大脑、神经系统都很有益处，但是新妈妈每天不要多吃，一两个鸡蛋就能满足人体所需的营养了。

鱼头香菇豆腐汤

改善记忆 补充营养

营养功效：胖头鱼富含磷脂，可帮助新妈妈改善记忆力。

原料：胖头鱼鱼头 1 个，豆腐 100 克，鲜香菇 5 个，葱花、姜片、盐各适量。

做法：

1. 将胖头鱼鱼头去鳃，由下巴处用刀切开，冲洗干净后沥去水，汆烫一下；鲜香菇洗净，切十字花刀；豆腐切块。
2. 将鱼头、香菇、姜片和清水放入锅内大火煮沸，撇去浮沫。
3. 加盖改用小火炖至鱼头快熟时，放入豆腐块，继续用小火炖至豆腐熟透，最后撒入葱花，加盐调味即可。

鱼头和豆腐炖汤，可以暖身健脑、润泽皮肤。

早餐

春笋蒸蛋

午餐

健脑益智　补充营养

营养功效：鸡蛋黄中含有卵磷脂、甘油三酯、胆固醇和卵黄素，新妈妈常吃对神经系统和大脑很有益处，有益智健脑的功效。

原料：鸡蛋1个，春笋尖20克，葱花、盐、香油各适量。

做法：

1. 鸡蛋放入碗中打散；春笋尖切成细末。
2. 将春笋尖末、葱花加入蛋液中，再加温开水至八分满。
3. 加适量盐、香油调匀，放入蒸锅隔水蒸熟即可。

银耳樱桃粥

补血　增强体质

营养功效：银耳樱桃粥既可补血，又可增强体质、健脑益智。

原料：水发银耳20克，樱桃、大米各30克，糖桂花适量。

做法：

1. 银耳洗净，撕成小朵；樱桃去柄、去核，洗净；大米淘洗干净，浸泡30分钟。
2. 锅中放大米及水用大火烧沸，转小火继续熬煮。
3. 待米粒软烂时，加入银耳煮约10分钟，放入樱桃、糖桂花拌匀即可。

下午加餐

晚餐

吃些豆腐能帮助新妈妈排毒。

海带豆腐汤

益智健脑　增强体质

营养功效：海带含有丰富的亚油酸、卵磷脂等营养成分，有健脑的功效，豆腐中含丰富的钙、蛋白质，海带豆腐汤在有助于益智健脑的同时，还能帮助新妈妈补钙、增强体质。

原料：豆腐100克，海带50克，葱段、盐适量。

做法：

1. 豆腐洗净，切块；海带洗净，切成长3厘米、宽1厘米的条。
2. 锅中加清水，放入海带条用大火煮沸。
3. 煮沸后改用中火将海带煮软，放入豆腐块、葱段，煮至豆腐熟软，加盐调味即可。

产后第 20 天

产后水肿是指新妈妈在产褥期出现下肢或全身水肿，这时新妈妈可以选择进食一些具有消水肿功效的食物，如红豆就可以帮助新妈妈消除肿胀感。新妈妈平时多食用利水消肿的食物，可排出身体里多余的水分，预防、缓解产后水肿症状，使身体更轻松。

新妈妈一日营养食谱搭配推荐

早餐
莴笋猪肉粥 1 碗
鸡蛋 1 个
烤馒头片 1 片

上午加餐
红豆西米露 1 碗
烧卖 2 个

午餐
什锦西蓝花 1 份
菠菜玉米糌粥 1 碗
烧饼 1 个

下午加餐
鲤鱼红枣汤 1 碗
木瓜半个

晚餐
莲子薏米煲鸭汤 1 碗
菠菜炒鸡蛋 1 份
黄花菜瘦肉粥 1 碗

- 产后水肿的新妈妈在睡前要少喝水，避免多余水分在体内潴留。
- 产后水肿的新妈妈要保证饮食清淡，不要吃过咸或过酸的食物，尤其是不能吃咸菜，以防水肿情况加重。
- 产后水肿的新妈妈不要吃太多补品，以免加重肾脏负担，加重水肿情况。

莴笋猪肉粥

通便利尿 去水肿

营养功效：莴笋含维生素 C、蛋白质、膳食纤维等营养素，具有通便利尿的功效，适合水肿的新妈妈食用。

原料：猪肉、莴笋、大米各 50 克，酱油、盐、香油各适量。

做法：

1. 莴笋去皮，洗净，切丝；大米淘洗干净，浸泡 30 分钟；猪肉洗净，切成末，放入碗内，加酱油、盐、香油腌制 10 分钟。
2. 锅中放入大米及泡米水，大火煮沸，加莴笋丝转小火煮至米烂盛入碗内；另起油锅烧热，下腌好的猪肉末炒熟。
3. 将炒好的猪肉末浇在粥上即可。

上午加餐

红豆西米露

营养功效：红豆能清热解毒、消肿利尿、健脾益胃，常吃能帮助新妈妈消除水肿。

清热解毒　消肿利尿

原料：红豆、西米各 50 克，白糖、牛奶各适量。

做法：

1. 红豆洗净，用清水浸泡 4 个小时；西米洗净备用。
2. 将红豆、白糖放入锅中煮到熟烂，捞出；西米放入沸水中煮至西米中间只剩一个小白点，关火闷 10 分钟。
3. 将西米盛入装有牛奶的碗中，放入冰箱冷藏半小时。
4. 取出冷藏好的牛奶西米，将煮熟的红豆放入搅匀，若不甜可依个人口味加适量白糖调味即可。

什锦西蓝花

营养功效：西蓝花有利尿通便、消除水肿的功效，可将其作为轻微产后水肿的食疗佳品。

利尿通便　去水肿

原料：西蓝花、菜花各 100 克，胡萝卜 50 克，盐、白糖、醋、香油各适量。

做法：

1. 西蓝花、菜花分别洗净，掰成小朵；胡萝卜洗净，去皮，切花刀片。
2. 将西蓝花、菜花、胡萝卜片放入开水中焯至熟透。
3. 捞出盛盘，加盐、白糖、醋、香油拌匀即可。

午餐

西蓝花富含维生素 C 和丰富的叶酸，能增强免疫力、促进铁质吸收。

菠菜玉米糙粥

不要用大颗粒的玉米糙，不容易熟且熬不出粥的黏稠感。

营养功效：玉米糙含有多种有机酸，有利尿作用，并能消除水肿；菠菜是补血养颜佳品，有益于产后新妈妈的健康。

利尿消肿　补血养颜

原料：菠菜 50 克，玉米糙100 克。

做法：

1 将菠菜洗净，切碎；玉米糙放入碗中，加入少量凉水，拌匀。

2 锅中放入适量水，待水开之后放入搅拌均匀的玉米糙。

3 粥熬上七八分钟时，放入切好的菠菜碎，煮至水再沸即可。

鲤鱼红枣汤

营养功效：鲤鱼有滋补健胃、利水消肿的功效，配以补血健脾的红枣，既可用于新妈妈产后水肿的食疗，又可补养身体。

滋补身体　利水消肿

原料：鲤鱼 1 条，红枣 8 颗，盐适量。

做法：

1 将红枣去核，洗净；鲤鱼去鳞、去鳃、去内脏，洗净切块。

2 锅置于火上加清水适量，放入鲤鱼块、红枣同煮，待煮至鱼肉熟烂，加盐调味即可。

喝鱼汤对新妈妈乳汁分泌有良好的促进作用。

莲子薏米煲鸭汤

营养功效：鸭肉有滋阴、补肾、消水肿等功效，鸭肉中的脂肪酸易于消化，能帮助新妈妈恢复身体、消除水肿。

滋阴补肾　消水肿

原料：鸭肉150克，莲子10克，薏米20克，葱段、姜片、鲜百合、盐各适量。

做法：

1 把鸭肉切成块，放入开水中汆一下捞出；鲜百合洗净，掰成片；薏米、莲子分别洗净用水浸泡1小时。

2 锅中加开水，依次放入鸭肉块、葱段、姜片、莲子、百合片、薏米，用大火煲熟。

3 待汤煲好后加盐调味即可。

黄花菜瘦肉粥

营养功效：黄花菜粥可以改善产后新妈妈肝血亏虚所致的健忘失眠、头晕目眩、小便不利、水肿、乳汁分泌不足等症状。

补气血　催乳

原料：干黄花菜20克，大米30克，鲜香菇1朵，猪瘦肉丝、盐各适量。

做法：

1 将干黄花菜泡发洗净，用沸水焯熟；大米淘洗干净，浸泡1小时；鲜香菇洗净，去蒂，切成丝。

2 将大米、香菇丝放入锅中，加清水烧开，转小火继续熬煮，待米粒煮开花时放入猪瘦肉丝、黄花菜同煮。

3 待猪瘦肉丝熟透，加盐调味即可。

黄花菜有健胃、补血的功效。

产后第 21 天

坐月子期间，新妈妈应当注意膳食纤维的补充，膳食纤维可以加强肠壁蠕动，促使人体内废物的排泄，有利于增强身体新陈代谢、预防便秘。如玉米、豌豆、麦片、火龙果等食材，都含有丰富的膳食纤维，新妈妈可多食。

新妈妈一日营养食谱搭配推荐

早餐	上午加餐	午餐	下午加餐	晚餐
奶香麦片粥 1 碗 面包 2 片 煮鸡蛋 1 个	羊肝萝卜粥 1 碗 火龙果半个	豌豆排骨粥 1 碗 西红柿烧茄子 1 份 家常饼 1 块	蛋炒饭 1 碗 茼蒿汁 1 杯	香菇玉米粥 1 碗 红烧带鱼 1 份 馒头 1 个

- 每天用温开水冲蜂蜜水喝，既能补充营养，又可保证大便通畅。
- 新妈妈在饮食上除了要注意多吃富含膳食纤维的天然食品外，还要补充充足的水分，有利于大便松软，预防便秘。
- 如果新妈妈产后便秘，不要服用泻药，应以食疗缓解便秘。

奶香麦片粥

助消化　补充营养

营养功效：麦片含有丰富的膳食纤维，能够促进肠道消化，更好地帮助身体吸收营养物质。

原料：大米 30 克，麦片 15 克，牛奶 250 毫升，高汤、白糖各适量。

做法：

1. 将大米、麦片洗净，加入适量水浸泡 30 分钟。
2. 在锅中加入高汤，放入大米、燕麦大火煮沸，转小火煮至粥稠。
3. 加入牛奶继续熬煮，待再次煮沸后加入白糖调味即可。

奶香和麦香有助于增进食欲。

早餐

豌豆排骨粥

午餐

均衡营养 防止便秘

营养功效：豌豆中富含膳食纤维，能促进肠胃蠕动，保持大便通畅，以防止便秘。

原料：大米 100 克，豌豆、猪排骨各 50 克，盐适量。

做法：

1 豌豆洗净；猪排骨洗净，剁成小块；大米淘洗干净，浸泡 30 分钟。

2 锅置火上，放入适量清水、豌豆、排骨块，煮至排骨熟烂，加盐调味。

3 另起一锅，放入大米、适量水煮熟成粥，放入熟豌豆、排骨块一起煮至粥再沸即可。

茼蒿汁

均衡营养 预防便秘

营养功效：茼蒿含膳食纤维较多，可榨汁或做汤喝，每日 1 次，连续 7~10 天为 1 个疗程，可辅助治疗产后便秘和失眠。

原料：茼蒿 250 克。

做法：

1 将茼蒿洗净，切小段。

2 将茼蒿段放入榨汁机中，加入适量温开水榨汁，去渣取汁即可。

缓解失眠症状，帮助新妈妈安然入眠。

下午加餐

香菇玉米粥

防止便秘 促进新陈代谢

营养功效：玉米含有丰富的膳食纤维，不但可以刺激胃肠蠕动，防止便秘，还可以促进胆固醇的代谢，加速肠内毒素的排出。

原料：鲜香菇、玉米粒各 50 克，大米 100 克，白糖适量。

做法：

1 鲜香菇洗净，切丁；玉米粒洗净；大米洗净，浸泡 30 分钟。

2 锅置火上，放入大米和适量水，大火烧沸后改小火继续熬煮。

3 放入香菇丁、玉米粒煮至粥黏稠，加入白糖调味即可。

玉米含有胡萝卜素，可帮助新妈妈保护视力。

晚餐

PART 4

产后第4周

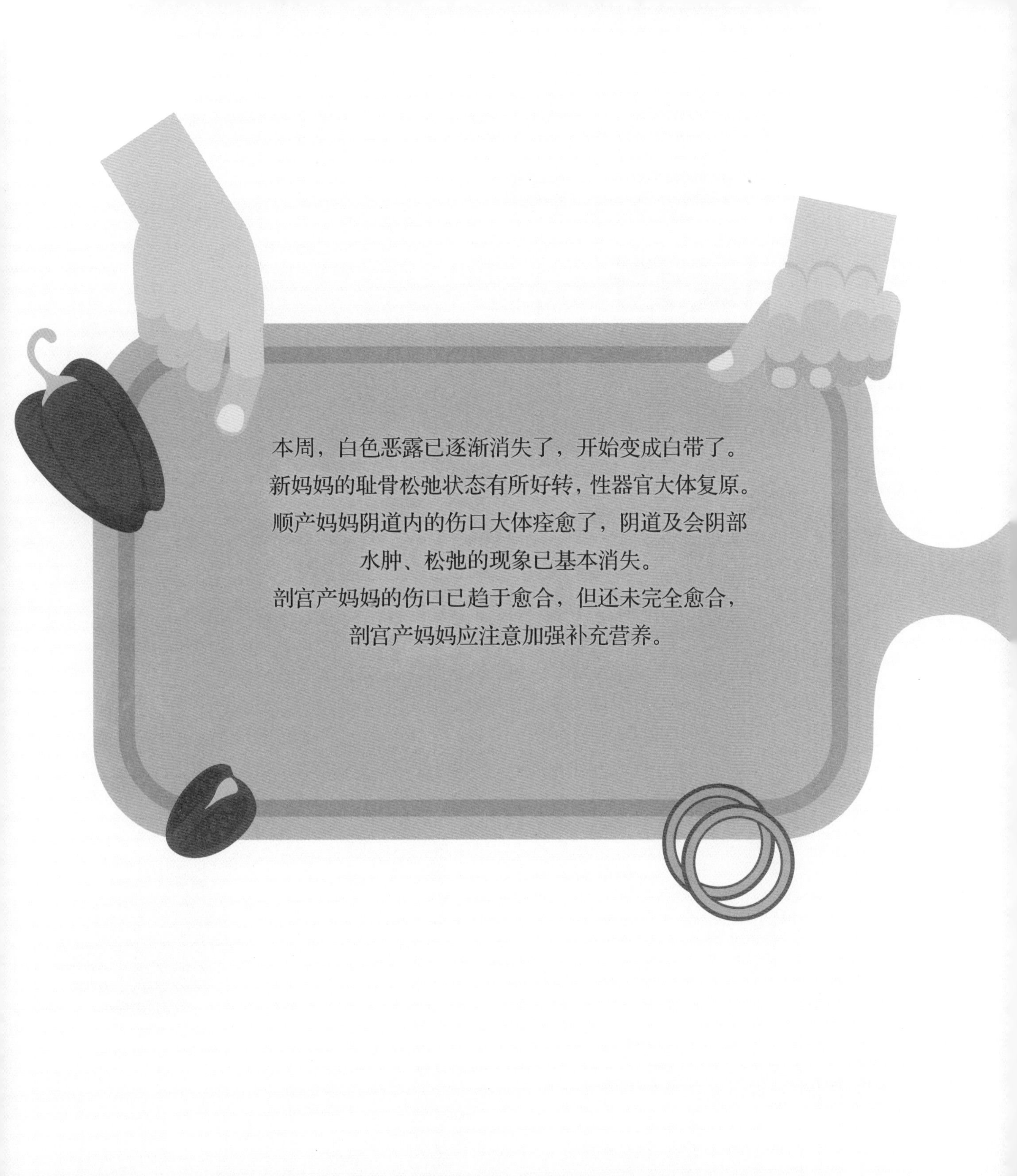
本周，白色恶露已逐渐消失了，开始变成白带了。
新妈妈的耻骨松弛状态有所好转，性器官大体复原。
顺产妈妈阴道内的伤口大体痊愈了，阴道及会阴部
水肿、松弛的现象已基本消失。
剖宫产妈妈的伤口已趋于愈合，但还未完全愈合，
剖宫产妈妈应注意加强补充营养。

第4周饮食宜忌速查

本周是新妈妈体质恢复的重要时期，新妈妈的子宫基本收缩完成，各器官也已逐渐恢复到产前的状态，会阴侧切和剖宫产妈妈的伤口基本痊愈了，新妈妈可以开始进补了，可以按高维生素、低脂肪、易消化的饮食原则循序渐进地进补了。新妈妈为了保证身体恢复，可以食用一些高热量食物，但不要暴饮暴食。

宜吃杜仲

产后食用一些杜仲，有助于促进松弛的盆腔关节韧带的功能恢复，加强腰部和腹部肌肉的力量，保持腰椎的稳定性，减少腰部受损害的概率，从而防止腰部发生疼痛。

营养师给新妈妈的私信

- 本周虽然可以大量进补了，但新妈妈也要遵循控制食量、提高品质的原则，尽量做到不偏食、不挑食、不多食。
- 本周虽以进补为主，但肉类食物也不是摄入越多越好，和孕前基本一致即可。
- 本周新妈妈应多吃些富含维生素的水果，但要掌握好时间，不要在饭前吃水果，最好在饭后半小时以后吃，以免影响吸收。

膳食纤维要跟上

本周新妈妈的饮食是高营养、高热量的，此时不要忽视膳食纤维的摄入，以促进身体中毒素排出，防止便秘。

宜吃鳝鱼补体虚

鳝鱼中含有丰富的 DHA 和卵磷脂，是构成人体各器官组织细胞膜的主要成分，而且是脑部发育不可缺少的营养素。鳝鱼中的维生素 A 含量也很高，可以增进宝宝的视力发育。另外，鳝鱼还有补益功效，适合产后身体虚弱的新妈妈食用。

宜吃豆腐助消化

豆腐中营养丰富，含有铁、钙、磷、镁等多种人体必需的矿物质，还有丰富的蛋白质及植物脂肪，而且豆腐消化吸收率高，是为新妈妈提供多种营养素的佳品。除此之外，豆腐还是补益清热的养生食品，可补中益气、清热解毒、生津润燥、清洁肠道，适合消化不良的新妈妈食用。

宜吃玉米增体质

玉米中大量的膳食纤维可以增强肠壁蠕动，促进体内废物的排出，有利于新妈妈身体的新陈代谢。玉米中还富含谷氨酸及多种人体所需的氨基酸，能帮助新妈妈增强体力和耐力，预防产后贫血。

不宜随便使用中药

虽然有些中药对产后新妈妈有滋阴养血、活血化瘀的作用，可以帮助新妈妈增强体质、促进子宫收缩，但是，这其中有些中药有回奶作用，如大黄、炒麦芽等，哺乳妈妈要慎用。而且，中药调理是一个复杂而又专业的事情，新妈妈切忌私自随便用药，应询问医生，根据医生给出的建议进行调理。

不宜食用易过敏食物

产前没有吃过的食物，尽量不要给新妈妈食用，以免发生过敏现象。在食用某些食物后如发生全身发痒、心慌、气喘、腹痛、腹泻等现象，很可能是因为食物过敏引起的，应立即停止食用这些食物。食用肉类、动物肝脏、蛋类、奶类、鱼类应煮熟，降低过敏风险。

虾易引起过敏，新妈妈要多加注意。

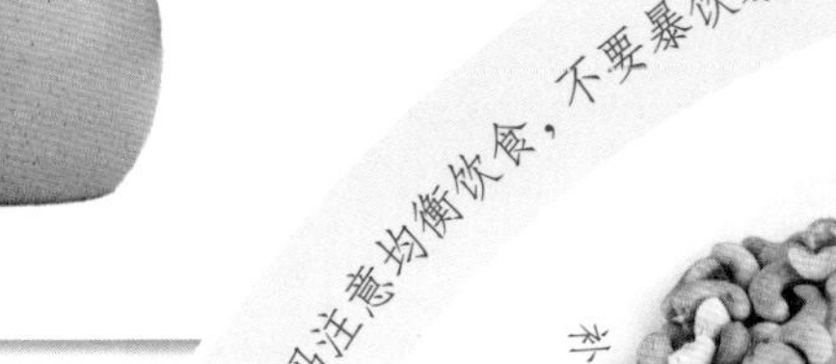

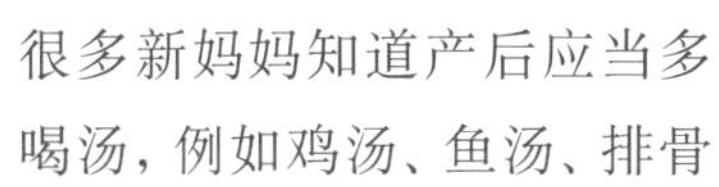

不宜只喝汤不吃肉

很多新妈妈知道产后应当多喝汤，例如鸡汤、鱼汤、排骨汤等，这样可以补充水分，促进乳汁分泌，但新妈妈不可忽视汤中的肉，因为大部分营养都在肉里，只喝汤不吃肉会减少对营养的摄入，并不利于新妈妈产后的身体恢复。

不宜吃性寒、凉的水果

产后新妈妈的身体还很虚弱，不适宜吃性寒、凉的水果，如西瓜和柿子。西瓜味甘、性凉；柿子味甘、性寒，两者对产后新妈妈的身体恢复不利。但西瓜在夏季是应季水果，并且能解夏暑，新妈妈可以少量吃一些，但要注意不能从冰箱里直接拿出来就吃。

不宜空腹喝酸奶

酸奶营养价值高，还可以促进肠胃蠕动，对新妈妈身体的恢复是有好处的。在饮用时，新妈妈要注意不能空腹喝酸奶，最好在饭后 2 小时内饮用。因为空腹喝酸奶，酸奶中的乳酸菌很容易被胃酸杀死，营养价值和保健作用就会被大大削减。

不同类型新妈妈本周进补方案

本周，顺产妈妈的伤口基本恢复，而剖宫产妈妈的伤口却还没有完全愈合，仍需要注意多吃些对伤口愈合有益处的食品；哺乳妈妈则应注意摄入全面的营养，以促进乳汁分泌；非哺乳妈妈在回乳的同时也要照顾好自己，及时补充各种营养。

本周必备食材单品

1. **牛蒡** 增强体力
2. **香蕉** 促进消化
3. **猪肉** 健体补虚
4. **海参** 缓解腰酸乏力
5. **胡萝卜** 润肠通便

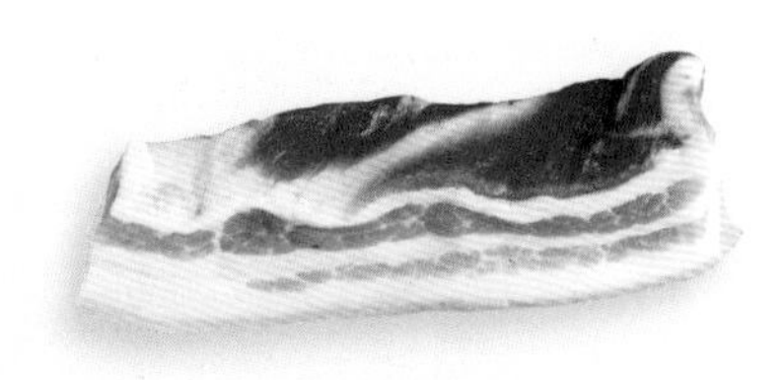

顺产妈妈

会阴侧切的顺产妈妈伤口基本已经长好，也没有痛感了，阴道及会阴也已经基本恢复如常了。顺产妈妈本周应以均衡营养为前提，继续调养身体，也可以适量吃一些热量较高的食物，配合轻量的运动，使身体恢复得更快。

黄花菜炖猪瘦肉生津止渴、利尿通乳，适用于产后乳汁少的新妈妈。

剖宫产妈妈

剖宫产妈妈子宫上的伤口还没有完全愈合，本周仍要注意加强营养，以增强组织细胞的再生能力，这样才能促进伤口愈合。饮食上多吃一些能促进伤口愈合的富含蛋白质的食物，如肉类、鱼类等。

海参治血气虚损，有调经、养胎及产后补养等作用。

哺乳妈妈

本周，哺乳妈妈要注意恢复体力。哺乳妈妈不仅要照顾宝宝，还要通过哺乳给宝宝提供大量的热量。补充能量、恢复体力、提高免疫力是本周调养的重点，哺乳妈妈可以多吃些海参、猪肉、鳝鱼等来增强体质，但此时应注意不要过多摄入脂肪。

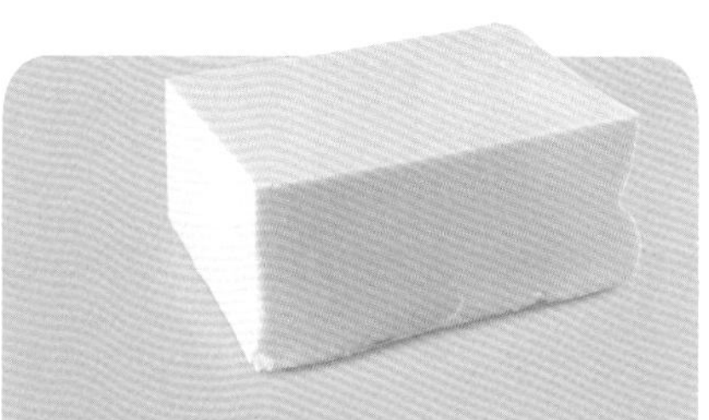

非哺乳妈妈

有些新妈妈可能由于各种原因不能给宝宝哺乳，但也不要自责，第一要务还是要将身体养好。本周，非哺乳妈妈在注意回乳的同时，要均衡补充营养，适当补充蛋白质、钙、铁、磷等营养素，注意不要过度劳累，适当多吃一些抗疲劳的食物。

鲫鱼含有丰富的蛋白质，和木瓜、豆腐等食材煲汤，有益于新妈妈身体恢复。

彩椒富含维生素 C，可以为新妈妈补充精力，减轻生产带来的疲劳感。

第 4 周新妈妈吃点啥

本周是新妈妈恢复体质的重要时期，进补重点是增强体力、提高免疫力。新妈妈可以适当吃些帮助恢复元气、提高免疫力的食物，如牛肉、鸡肉、虾等。

产后第 22 天

产后第 4 周，新妈妈大量进补是很有必要的，以保证产后身体更好地恢复，不过进补量应适当增加。

新妈妈一日营养食谱搭配推荐

早餐	上午加餐	午餐	下午加餐	晚餐
香菇鸡汤面 1 碗	海参当归汤 1 碗	鲜虾粥 1 碗	桂圆红枣汤 1 碗	干拌萝卜丝 1 份
煮鸡蛋 1 个	香蕉 1 根	板栗烧牛肉 1 份	苹果 1 个	豆浆小米粥 1 碗
		米饭 1 碗		烧饼 1 个

- 进补的时候不要让肠胃负担太重，避免新妈妈腹泻。早餐以好消化的主食为主，午餐吃滋补的食品，晚餐则主要补充蛋白质。
- 海参可促进新妈妈身体的恢复、增强免疫力，是产后恢复的佳品。

香菇鸡汤面

营养功效：香菇能提高人体抗病能力，可预防感冒。

原料：面条 100 克，鲜香菇 4 朵，鸡胸肉 100 克，胡萝卜 1 根，盐、葱花各适量。

做法：

1 鸡胸肉、鲜香菇、胡萝卜分别洗净，切片；面条煮熟。

2 将煮熟的面条盛入碗中，鸡胸肉片放温水中煮成鸡汤，将鸡胸肉片捞出，汤中加盐调味，放入香菇片、胡萝卜片煮熟。

3 将煮熟的所有食材摆在面条上，淋上鸡汤，撒上葱花即可。

海参当归汤

营养功效：新妈妈适当吃些海参可以增强体力，补充热量。

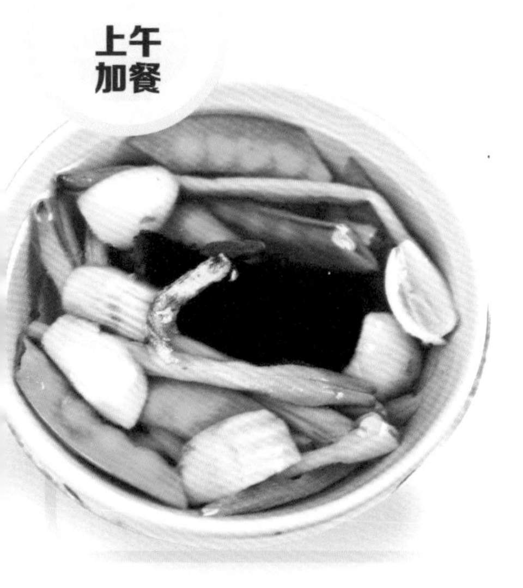

原料：海参 50 克，干黄花菜、荷兰豆各 30 克，当归 6 克，鲜百合、姜丝、盐各适量。

做法：

1 海参洗净，热水汆烫一下，捞出沥干；干黄花菜泡好，掐去老根洗净，沥干；鲜百合洗净，掰成片；荷兰豆洗净；当归洗净，浸泡 30 分钟。

2 油锅烧热，下姜丝爆香，放入泡好的黄花菜、荷兰豆、当归翻炒片刻，加入适量清水大火煮沸。

3 加入百合片、海参，用大火煮熟透，加入盐调味即可。

增强体力　补充能量

鲜虾粥

营养功效：虾的营养价值极高，能增强人体的免疫力，还可以帮助哺乳妈妈分泌乳汁。

增强免疫力　催乳

原料：虾 2 只，大米 100 克，芹菜、香菜叶、盐各适量。

做法：

1 大米洗净，浸泡 30 分钟；芹菜择洗干净，切碎；虾去头、去壳、去虾线，取虾仁。

2 锅中放入大米，加适量水煮粥。

3 待粥熟时，把芹菜碎、虾仁放入锅中，煮 5 分钟左右，放盐搅拌均匀，撒入香菜叶即可。

虾不宜久煮，否则易营养流失。

板栗烧牛肉

强筋壮骨　补充身体

营养功效：牛肉可以帮助新妈妈补充蛋白质，有强筋壮骨的功效，适宜产后肾虚腰痛、四肢疼痛的新妈妈食用。

板栗与牛肉相搭配，滋补脾胃效果更好。

原料：牛肉 500 克，板栗肉 6 颗，姜片、葱花、盐各适量。

做法：

1 牛肉洗净，入开水锅中汆烫一下，沥干，切块；板栗肉洗净，对半切。

2 油锅烧热，放入板栗肉炸 2 分钟后盛出，下入牛肉块炸一下，捞起沥油。

3 锅中留底油，下入葱花、姜片炒出香味，放入牛肉块、盐和适量清水大火煮沸，撇去浮沫，改用小火炖。

4 待牛肉将熟时下板栗肉，烧至肉熟烂、板栗绵软时收汁即可。

桂圆红枣汤

益肾气　补虚损

营养功效：桂圆肉性温味甘，益心脾补气血，不但能补脾固气，还能保血不耗；红枣味甘性温，有补中益气、养血安神的功效，两者搭配具有极佳的补血养气效果。

原料：去核红枣 100 克，桂圆 100 克。

做法：

1 桂圆去壳留肉备用。

2 清水煮沸，加入去核红枣、桂圆。

3 再次沸腾后，转文火煲 1 小时即可。

干拌胡萝卜丝

营养功效：胡萝卜中含有膳食纤维，可促进肠道蠕动，预防便秘，为新妈妈健康加分。

增强免疫力 预防便秘

晚餐

胡萝卜可调节免疫功能、促进新陈代谢。

原料：胡萝卜2根，熟黑芝麻、香油、盐各适量。

做法：

1 胡萝卜洗净，去皮，切成细丝。

2 将胡萝卜丝在沸水中焯一下，捞出沥干水分，放入盘中，加盐、香油拌匀，撒上熟黑芝麻即可。

豆浆小米粥

营养功效：小米健脾和中、益肾气、补虚损，是脾胃虚弱、体虚胃寒、产后虚损新妈妈的良好食疗方。

益肾气 补虚损

原料：小米200克，黄豆100克，蜂蜜适量。

做法：

1 将黄豆浸泡一夜，加水磨成豆浆，用纱布过滤去渣备用；小米洗净，浸泡1小时，用搅拌机打成小米糊。

2 在锅中放水，待沸后加入豆浆，再沸时撇去浮沫，然后边下小米糊边用勺向一个方向不停搅匀，煮至水再沸，撇去浮沫。

3 煮熟后关火，晾温后加入蜂蜜调味即可。

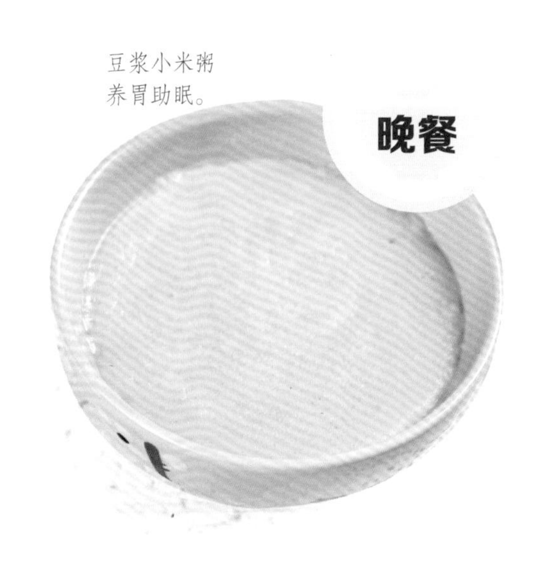

豆浆小米粥养胃助眠。

晚餐

产后第 23 天

新妈妈本周在大量进补的同时也要注重体内排毒，可以适当地吃一些牛蒡。牛蒡具有排毒功效，非常适合新妈妈坐月子期间食用，牛蒡中的膳食纤维又可以刺激肠胃蠕动，帮助排便，减少体内毒素、废物的堆积。

新妈妈一日营养食谱搭配推荐

早餐
南瓜油菜粥 1 碗
馒头半个
煮鸡蛋 1 个

上午加餐
柠檬水 1 杯
益母草木耳汤 1 碗

午餐
胡萝卜蘑菇汤 1 碗
扁豆焖面 1 份

下午加餐
红枣牛蒡汤 1 碗
煮板栗 10 个

晚餐
莲藕炖牛腩 1 份
海带豆腐汤 1 碗
米饭 1 碗

- 木耳含有一种特殊的植物胶质，能够帮助排出肠道内的毒素。
- 早餐半小时后喝 1 杯柠檬水，既可排毒，还能预防新妈妈患上感冒。
- 牛蒡可以排毒、增强体力，新妈妈可以煮汤、做菜、泡茶食用。

南瓜油菜粥

营养功效：南瓜内的果胶有很好的吸附性，能黏结和消除体内细菌毒素，帮助新妈妈排毒。

排毒 补虚

原料：大米 50 克，南瓜 40 克，油菜 20 克，盐适量。

做法：

1. 南瓜去皮，去瓤，洗净切成小丁；油菜洗净，切丝；大米淘洗干净。
2. 锅中放大米，加适量水大火煮开，放南瓜丁同煮至粥成。
3. 待米烂粥稠时放入油菜丝略煮，油菜断生后加盐调味即可。

常吃蘑菇可增强免疫力，远离月子病。

胡萝卜蘑菇汤

助消化 通便排毒

营养功效：胡萝卜、蘑菇中都含有丰富的膳食纤维，能够促进新妈妈消化，帮助通便排毒。

原料：胡萝卜100克，蘑菇、西蓝花各30克，盐适量。

做法：

1 胡萝卜洗净，去皮，切成菱形片；蘑菇洗净去蒂，撕成条；西蓝花掰成小朵后洗净。

2 将胡萝卜片、蘑菇条和掰好的西蓝花一同放入锅中，加适量清水用大火煮沸。

3 转小火将食材煮熟，加入盐调味即可。

红枣牛蒡汤

滋补排毒 促进新陈代谢

营养功效：牛蒡能清除体内垃圾，改善体内循环，促进新陈代谢，是新妈妈滋补排毒的佳品。

原料：牛蒡50克，红枣5颗，冰糖适量。

做法：

1 牛蒡去皮，洗净，切成片；红枣洗净去核。

2 锅中放适量清水，放入牛蒡片、红枣用中火慢煮半小时。

3 加入冰糖，继续煮至冰糖化开，取汤饮用即可。

莲藕炖牛腩

益血气 补体力

营养功效：莲藕富含铁、钙等矿物质，有补益气血、增强免疫力的作用；牛腩可以为新妈妈提供充足的热量，有利于新妈妈补充体力。

原料：牛腩200克，莲藕100克，红豆50克，姜片、盐各适量。

做法：

1 牛腩洗净，切大块，用沸水汆烫一下，洗净血沫；莲藕洗净，去皮，切成大块；红豆洗净，并用清水浸泡30分钟。

2 全部食材放入锅中，加水大火煮沸，转小火慢煲2小时，出锅前加盐调味即可。

晚餐

产后第 24 天

很多新妈妈生产后身体会有不同程度的虚弱，新妈妈如果出现精神不振、面色萎黄、不思饮食的现象，就要考虑是否是产后虚弱了。产后身体虚弱的新妈妈应当注重养气补虚、温阳健脾、滋补肝肾，可适量食用山药、鳝鱼、牛肉等食物。

新妈妈一日营养食谱搭配推荐

早餐	上午加餐	午餐	下午加餐	晚餐
二米粥 1 碗	鸡腿紫菜汤 1 碗	麻油鸡 1 份	鳝鱼粉丝煲 1 份	牛肉萝卜汤 1 碗
肉包 1 个	土豆饼 1 块	枣莲三宝粥 1 碗	香蕉 1 根	山药炖排骨 1 份
煮鸡蛋 1 个		馒头 1 个		家常饼 1 块

- 产后身体虚弱的新妈妈不要吃凉了的饭菜，因为食用后易损伤脾胃，影响消化。
- 海带、紫菜等多数海产品的寒性较大，身体虚弱的新妈妈在食用的时候要注意，最好与热性肉类同食，如牛肉、鸡肉等。

二米粥

补充营养 补虚

营养功效：二米粥较单一谷物粥营养更丰富，且更易吸收，适合需要补虚养身的新妈妈食用。

原料：大米 100 克，小米 50 克。

做法：

1. 大米、小米分别洗净，浸泡 30 分钟。
2. 锅中加适量水，放入大米和小米大火同煮。
3. 待大火烧开后转小火熬煮，至米烂粥稠即可。

小米忌与杏仁同食。

早餐

鸡腿紫菜汤

鸡肉高蛋白、低脂肪，有增强体力、强壮身体的作用。

上午加餐

营养功效：紫菜可以帮助新妈妈补碘，但性寒，不适宜身体虚弱的新妈妈食用，与性热的鸡肉同食，能够减轻寒性。

补碘 补虚

原料：紫菜10克，鸡腿1只，盐、香油、葱花各适量。

做法：

1 将紫菜撕成小片，清水浸泡1分钟，洗去杂质；鸡腿洗净，沸水汆烫，捞出洗去血沫。

2 锅中加水，放入鸡腿煮至熟，下入紫菜片继续煮2分钟，加盐调味。

3 盛出前淋上香油，撒入葱花即可。

麻油鸡

营养功效：麻油鸡不仅可以补气补血，还可健脾开胃，其温和的滋补作用最适合寒性体质的新妈妈食用。

补气养血 健脾开胃

原料：三黄鸡1只，黑芝麻香油、姜片、盐、冰糖、橘子瓣、黄瓜片各适量。

做法：

1 将三黄鸡洗净，切块，入沸水锅汆烫一下，洗去血沫，沥干。

2 炒锅中放入黑芝麻香油烧热，爆香姜片，然后放入鸡块，煸炒至鸡块边缘微焦。

3 加入冰糖继续翻炒3分钟，然后放入适量热水，大火烧开后连汤带鸡块一同倒入砂锅中，小火加盖焖煮40分钟。

4 最后调入盐，继续焖煮10分钟后盛出，配合橘子瓣、黄瓜片摆盘即可。

午餐

此粥补而不腻，有利于新妈妈身体恢复。

枣莲三宝粥

营养功效：绿豆利湿除烦，莲子安神强心，红枣补血养血，三者同食，可以益气强身，适宜产后虚弱的新妈妈调理之用。

安神 益气强身

原料：绿豆 20 克，大米 80 克，红枣 2 颗，莲子、白糖各适量。

做法：

1 绿豆、大米、莲子、红枣分别淘洗干净；将绿豆和莲子放入适量开水中闷泡 1 小时。

2 将闷泡好的绿豆、莲子放入锅中，加适量水烧开，再加入红枣和大米小火煮开。

3 待豆烂粥稠后加适量白糖调味即可。

鳝鱼粉丝煲

营养功效：鳝鱼有很强的补益功能，且有补气养血、温阳健脾、滋补肝肾、祛风通络等功效，对产后身体虚弱的新妈妈效果更为明显。

补气养血 滋补肝肾

原料：黄鳝 1 条，粉丝 20 克，姜片、高汤、盐各适量。

做法：

1 将黄鳝洗净切成段，放沸水中汆烫去血水；粉丝用温水泡胀。

2 油锅烧热，下入姜片，用大火炒香，加入高汤、黄鳝段，用大火烧煮。

3 待黄鳝段八成熟后加入粉丝，所有食材熟后加盐调味即可。

黄鳝补中益气，适宜身体虚弱的新妈妈食用。

强健筋骨 提高免疫力

牛肉萝卜汤

白萝卜含膳食纤维，促消化、增食欲。

营养功效：牛肉富含蛋白质，可以补中益气、滋养脾胃、强健筋骨，搭配能增强机体免疫力的白萝卜一同食用，对新妈妈产后气短体虚、筋骨酸软有很好的食疗作用。

原料：牛肉、白萝卜各 100 克，香菜末、酱油、香油、盐、葱末、姜末各适量。

做法：

1 将白萝卜洗净，切成片；牛肉洗净切成块，放入碗内，加酱油、盐、香油、葱末、姜末拌匀，腌制入味。

2 锅中放入适量开水，先放入白萝卜片，煮沸后放入腌好的牛肉块，稍煮。

3 待牛肉块煮熟后加盐调味，撒上香菜末即可。

补气健脾 补血

山药炖排骨

营养功效：山药能补气健脾、清胃顺肠、补血强肾，是产后体虚新妈妈的滋补佳品。

原料：猪排骨 500 克、山药 300 克，盐、葱段、姜片各适量。

做法：

1 山药去皮，切成厚片；猪排骨切成段，用热水汆烫，洗去血沫。

2 锅中加水烧沸，放入猪排骨段煮 20 分钟，加入山药片、葱段、姜片同煮。

3 待食材熟后以中火继续熬煮 15 分钟，加盐调味即可。

山药去皮切块后可放入冷水中防止发黑。

产后第 25 天

有些新妈妈受传统坐月子习惯的影响，连水果都不敢吃，这是不正确的。产后吃水果对新妈妈身体恢复、增强抗病能力很有益处。但是，吃水果时新妈妈还是需要留心注意几个方面，如控制进食量、不吃寒性和冰镇过的水果等。

新妈妈一日营养食谱搭配推荐

早餐	上午加餐	午餐	下午加餐	晚餐
芦荟猕猴桃粥 1 碗	玉米香蕉芝麻糊 1 碗	荔枝红枣粥 1 碗	火龙果西米饮 1 碗	清炒莴笋 1 份
鱼泥三明治 1 个	开心果 5 颗	菠萝鸡片 1 份	全麦面包 1 片	西红柿牛肉粥 1 碗
		米饭 1 碗		红提柚子汁 1 杯

- 营养师建议新妈妈每日食用水果以 200~250 克为宜。
- 新妈妈不要吃冰镇过的水果，否则容易导致肠胃不适，影响消化功能，新妈妈可以将水果在温开水里泡一下，或者煮熟后再食用。
- 新妈妈尽量少吃或不吃性寒凉的水果，如西瓜、柿子等。

芦荟猕猴桃粥

防止便秘　促进新陈代谢

营养功效：食用芦荟可以排出新妈妈体内毒素，防止便秘；猕猴桃可提供丰富的维生素，促进新妈妈的新陈代谢。

原料：芦荟 10 克，猕猴桃、大米各 30 克，枸杞子、白糖各适量。

做法：

1. 将芦荟洗净，切成小块；猕猴桃去皮，切小块；大米洗净；枸杞子洗净。
2. 将芦荟块、大米、猕猴桃块、枸杞子一同放入锅中，加适量清水，用大火煮沸，转小火煮至大米熟后加白糖调味即可。

猕猴桃有稳定情绪、镇静心情的作用，可预防产后抑郁。

早餐

上午加餐

玉米香蕉芝麻糊

营养功效：香蕉、芝麻能让新妈妈精神放松，还能补充钙和铁，非常适合新妈妈食用。

补钙 放松精神

原料：香蕉 1 根，玉米面 50 克，白糖、熟黑白芝麻各适量。

做法：

1 锅中加水，小火煮沸，加入玉米面和白糖，边煮边搅拌，煮至玉米面熟后关火。

2 将香蕉剥皮，用勺子研碎；待玉米糊稍凉盛出，放入香蕉泥、熟黑白芝麻。

3 食用时搅匀即可。

荔枝红枣粥

营养功效：荔枝具有健脾生津、理气止痛的功效，适合身体虚弱、津液不足的新妈妈食用。

健脾生津 理气止痛

原料：荔枝 30 克，红枣 2 颗，大米 100 克。

做法：

1 大米洗净，浸泡 30 分钟；红枣洗净，去核；荔枝去皮、去核。

2 锅中加水，放入泡好的大米、红枣及荔枝肉用大火煮沸，转小火煮至米烂粥稠即可。

荔枝多食易上火。

午餐

菠萝鸡片

营养功效：菠萝开胃助消化，还可以促进血液循环，鸡肉可以帮助新妈妈补充营养，增强体能。

原料：鸡胸肉 200 克，菠萝 150 克，青椒片、红椒片、葱丝、蒜片、姜末、盐、淀粉、蚝油、番茄酱各适量。

做法：

1 鸡胸肉洗净切片，用淀粉和蚝油拌匀腌制 20 分钟；菠萝洗净切片。

2 油锅烧热，放入葱丝、姜末、蒜片爆香，然后放入鸡肉片翻炒。

3 待鸡肉片的颜色变白，放入菠萝片、青椒片、红椒片和番茄酱翻炒片刻，加盐调味即可。

助消化

增强体能

火龙果西米饮

营养功效：火龙果中糖分以葡萄糖为主，容易吸收，可为新妈妈提供能量，而西米有温中健脾、治脾胃虚弱、防治消化不良的功效。

提供能量

原料：西米 50 克，火龙果 100 克，白糖、水淀粉各适量。

做法：

1 西米用开水泡透蒸熟；火龙果对半剖开，挖出果肉，切成小粒。

2 锅置火上，注入清水，加入白糖、西米、火龙果粒一起煮开。

3 用水淀粉勾芡后盛入碗内即可。

温中健脾

火龙果中水溶性膳食纤维含量丰富，有润肠功效。

红提柚子汁

补益气血 通利小便

营养功效：红提有补益气血、通利小便的功效，柚子含有丰富的钙和维生素，红提柚子汁是有益于新妈妈恢复的一款饮品。

原料：红提 100 克，柚子果肉 150 克，蜂蜜适量。

做法：

1 红提洗净。

2 将红提和柚子果肉放入榨汁机中，加适量温水，榨成果汁。

3 将果汁及果渣一起倒入杯子中加蜂蜜调匀饮用即可。

西红柿牛肉粥

均衡营养 促进新陈代谢

营养功效：西红柿中富含多种维生素和番茄红素，与富含蛋白质的牛肉一同食用，可以促进新陈代谢，帮助新妈妈更快恢复身体。

原料：西红柿 1 个，牛肉 80 克，大米 50 克，盐适量。

做法：

1 西红柿切十字刀口，略烫后去皮，切碎；牛肉洗净，剁成碎末；大米洗净，浸泡 30 分钟。

2 锅置火上，加水烧开，倒入牛肉末，水沸后撇去浮沫，再倒入大米及西红柿碎，大火煮开。

3 转小火继续煮，煮至粥熟后加盐调味即可。

牛肉具有滋养脾胃的功效。

产后第 26 天

产后气血两亏的新妈妈，此时更要注意补血补气，可多吃些红枣、鸭血、当归、黑芝麻、虾仁及各种肉类来进补，此外，这些食物还可滋补身体，对新妈妈身体的恢复大有裨益，能帮助新妈妈缓解神疲乏力、食欲不振、头昏眼花等气血两虚的症状。

新妈妈一日营养食谱搭配推荐

早餐	上午加餐	午餐	下午加餐	晚餐
黑芝麻大米粥 1 碗 豆沙包 1 个 煮鸡蛋 1 个	红枣木耳汤 1 碗 核桃 2 颗	当归生姜羊肉煲 1 碗 鸭血豆腐 1 份 糙米饭 1 碗	肉丸粥 1 碗 豆腐煎饼 1 块	姜枣枸杞乌鸡汤 1 碗 虾仁粥 1 碗 西芹百合 1 份

- 新妈妈在补气血时也要注重体内排毒，可以多吃些富含维生素 C 的水果或粗粮。
- 补血应注重吃红肉，因为红肉中 15%~35% 的铁元素可以被人体吸收，高于蔬菜中铁元素的吸收率。

黑芝麻大米粥

营养功效：黑芝麻有滋五脏，益精血等保健功效，而且能够清除自由基，保护红细胞，有效帮助新妈妈预防贫血。

原料：大米 50 克，黑芝麻 10 克，花生仁 8 粒，蜂蜜适量。

做法：

1 大米、花生仁分别洗净，用清水浸泡 30 分钟；黑芝麻炒熟。

2 将大米、黑芝麻、花生仁一同放入锅内，加清水用大火煮沸，转小火再煮至大米熟透。

3 关火，晾温后加入蜂蜜调味即可。

红枣木耳汤

预防贫血 安神除烦

营养功效：红枣对贫血、体虚、腰腿酸软、心烦失眠、口干少津的新妈妈有食疗功效，木耳亦可补气养血、止血降压，两者同食很适合气血两虚的新妈妈食用。

原料：木耳 50 克，红枣 3 颗，白糖适量。

做法：

1 红枣洗净，用冷水浸泡 10 分钟；木耳泡发，去蒂洗净，掰成小朵。

2 锅中放入木耳、红枣及泡枣的水，大火烧沸后加入白糖调味即可。

当归生姜羊肉煲

补益气血 滋阴养肾

营养功效：羊肉具有滋阴补肾、温阳补血、活血祛寒的功效，当归有补血、活血的作用，对新妈妈产后气血虚弱、营养不良有很好的补益作用。

原料：羊肉 100 克，当归 5 克，姜片 3 片，葱段、盐各适量。

做法：

1 羊肉洗净、切块，用热水汆烫过，洗去血沫，沥干；当归洗净，放进热水中浸泡 30 分钟，取出切片；泡当归的水备用。

2 将羊肉块放入锅内，加入姜片、当归片、葱段、泡当归的水和适量清水，小火煲 2 小时，加盐调味即可。

羊肉煲补气养血，适合产后虚弱的新妈妈食用。

鸭血豆腐

营养功效：鸭血能满足新妈妈对铁的需要，可以辅助治疗新妈妈缺铁性贫血。

鸭血性寒味咸，有补血、解毒的功效。

补血 补钙

原料：鸭血 50 克，豆腐 50 克，酱油、盐、水淀粉、葱花、香菜末各适量。

做法：

1 将鸭血和豆腐洗净，切厚条。

2 将鸭血条和豆腐条放入沸水中汆熟透，捞出备用。

3 油锅烧热，下入鸭血条、豆腐条、酱油翻炒均匀，加水煮至鸭血、豆腐熟透。

4 最后加盐调味，用水淀粉勾芡盛出，撒上葱花、香菜末即可。

肉丸粥

营养功效：猪肉能够提供人体所需的血红素铁和促进铁吸收的半胱氨酸，可以有效为新妈妈补血。

补血 增强体力

原料：五花肉 50 克，大米 30 克，鸡蛋清 1 个，姜末、葱花、盐、淀粉各适量。

做法：

1 大米洗净，浸泡 30 分钟；五花肉洗净，剁成肉泥，加入部分葱花、姜末、盐、蛋清和淀粉，拌匀成馅。

2 锅内放入大米和适量清水，大火烧沸。

3 熬至粥将熟时，将肉馅挤成丸子状，放入粥内，熬至丸子熟，加盐调味，撒上另一部分葱花即可。

肉丸粥有补虚养身的功效，促进新妈妈身体恢复。

姜枣枸杞乌鸡汤

晚餐

常食枸杞子可强身健体。

营养功效：乌鸡汤可滋补肝肾、益气补血、滋阴清热，对产后气虚、血虚、脾虚、肾虚等症尤为有效，还能提升哺乳妈妈的乳汁质量。

原料：乌鸡 1 只，红枣 6 颗，枸杞子 10 克，盐、姜片、葱丝、黄椒丝各适量。

做法：

1 乌鸡处理干净，洗净；红枣、枸杞子洗净。

2 将乌鸡放进温水里用大火煮，待水沸后捞出乌鸡，放进清水里洗去浮沫，去掉血腥味。

3 红枣、枸杞子、姜片、乌鸡放锅内，加适量水大火煮开后改用小火炖至乌鸡肉熟烂，加盐调味，撒上葱丝、黄椒丝即可。

滋补肝肾 益气补血

虾仁粥

营养功效：虾仁有补肾壮阳、健胃的功效，熟食能温补肾阳，体虚乏力的新妈妈可以用虾仁做食疗补品。

原料：虾仁 5 个，大米 30 克，香油、盐各适量。

做法：

1 将虾仁去虾线洗净；大米洗净，浸泡 30 分钟。

2 大米和虾仁一起放入锅中，加适量清水，烧沸后转小火继续熬煮。

3 待熬到大米开花后加盐调味，淋入香油即可。

补肾壮阳 健胃

食用虾仁有利于改善胃口，增进食欲。

晚餐

产后第 27 天

新妈妈会在照顾宝宝上花费大量的精力和时间，但新妈妈仍然要照顾好自己，只有得到充分的休息，解除疲劳，身体才能更好地恢复。其实还是有兼顾自己和宝宝的方法的，如根据宝宝吃奶、睡觉的规律来安排自己的进餐、休息时间。

新妈妈一日营养食谱搭配推荐

早餐	上午加餐	午餐	下午加餐	晚餐
西红柿豆腐汤 1 碗 小麦面包 2 片 煮鸡蛋 1 个	核桃仁粥 1 碗 香蕉 1 根	豆角烧荸荠 1 份 菠菜鸡蛋汤 1 碗 牛肉馅饼 1 个	百合莲子桂花饮 1 杯 全麦饼干 2 块	虾米炒芹菜 1 份 鱼丸菠菜汤 1 碗 米饭 1 碗

- 新妈妈要定时进餐，这样有利于脾胃功能的正常运作，有助于人体气血充盈协调，而且能增强肠胃消化、吸收功能。
- 新妈妈多吃豆类、小麦面包等食材可以帮助缓解疲劳，使新妈妈的身体得到更好的休养。

西红柿豆腐汤

补充能量 恢复体力

营养功效：豆腐中的植物蛋白质，可及时补充身体损失的热量，有助于消除新妈妈的疲劳感、恢复体力。

原料：西红柿 2 个，豆腐 1 块，盐适量。

做法：

1 西红柿洗净，用开水烫一下去皮切块；豆腐洗净切块。

2 油锅烧热，西红柿块放入锅中煸炒七八分钟，炒至西红柿成汤汁状。

3 加入豆腐块、适量清水、盐，大火烧开，改小火慢炖 10 分钟左右即可。

豆腐焯水可去掉豆腥味。

午餐

荸荠清热消食，适量食用可缓解便秘。

豆角烧荸荠

促进产后恢复　降火

营养功效：豆角含蛋白质、钙及丰富的 B 族维生素，对新妈妈产后恢复很有利，而荸荠含胡萝卜素较高，能帮助缓解新妈妈眼部不适。

原料：豆角、荸荠各 30 克，牛肉 25 克，葱姜汁、盐、酱油、水淀粉、高汤各适量。

做法：

1. 荸荠削去外皮，切成片；豆角斜切成段；牛肉切成片，用少量葱姜汁和盐拌匀腌 10 分钟，再用水淀粉抓匀。
2. 油锅烧热，下入牛肉片用小火炒至变色，下入豆角段炒匀，再放入余下的葱姜汁、酱油，加高汤烧至微熟。
3. 下入荸荠片，炒匀至食材全熟，加适量盐调味即可。

百合莲子桂花饮

定心养神　辅助睡眠

营养功效：百合中富含 B 族维生素、钙等营养成分，可起到定心养神、辅助睡眠的作用。

原料：百合 10 克，莲子 4 颗，糖桂花、冰糖各适量。

做法：

1. 百合、莲子洗净，百合掰开成片，莲子去心。
2. 莲子回锅，再次煮开，加入百合片、冰糖煮至冰糖溶化。
3. 关火后晾温，加入适量的糖桂花即可。

虾米炒芹菜

镇静安神　除烦

营养功效：芹菜可分离出一种碱性成分，有镇静作用，新妈妈食用后有安神、除烦的功效，有助于新妈妈静心休息。

原料：虾米 50 克，芹菜 40 克，酱油、盐各适量。

做法：

1. 虾米用温水泡发；芹菜去老叶后洗净，切段。
2. 芹菜段用开水略焯一下，沥干水。
3. 油锅烧热，下芹菜段快炒，并放入泡发的虾米、酱油，用大火快炒几下加盐调味即可。

晚餐

产后第 28 天

经过近 4 周的滋补与调养，产后新妈妈的身体已经恢复得越来越好了。但是，新妈妈要知道此时还不是减肥的时候，还需要进一步加强体质。所以，新妈妈还是需要定时、定量进餐，保证全面补充营养。

新妈妈一日营养食谱搭配推荐

早餐	上午加餐	午餐	下午加餐	晚餐
排骨汤面 1 碗 煮鸡蛋 1 个	三丁豆腐羹 1 碗 红薯 1 块	杜仲猪腰汤 1 碗 肉片炒蘑菇 1 份 蛋炒饭 1 碗	平菇小米粥 1 碗 草莓酸奶 1 杯	玉米西红柿羹 1 碗 木瓜烧带鱼 1 份 小米粥 1 碗

- 谷物是碳水化合物、膳食纤维、B 族维生素的主要来源，而且是新妈妈每日所需热量的主要来源，新妈妈不宜为了减肥而不吃主食。
- 新妈妈如出现少气懒言、疲倦乏力、易出汗、头晕心悸、食欲不振等气虚表现，可吃些猪肉补虚健体。

排骨汤面

补充能量 增强体质

营养功效：排骨能为新妈妈提供大量热量，增强体质。

原料：面条 100 克，猪排骨 50 克，白菜 30 克，葱末、盐、酱油、面粉各适量。

做法：

1. 白菜洗净切丝，焯熟；面条煮熟，装碗；将熟白菜丝摆放在面条上；将猪排骨剁成块，加入盐腌制，取出拍上面粉。
2. 油锅烧热，放入排骨块，炸至焦黄捞出沥油，放在面碗中。
3. 锅内倒入清汤、酱油烧开，加盐调味，浇在排骨和面条上即可。

三丁豆腐羹

补充能量 补钙

营养功效：此汤羹富含优质的动物蛋白和植物蛋白，且钙、铁和维生素 C 含量充足，能为新妈妈补充能量，促进钙、铁吸收，适合新妈妈滋补、恢复之用。

原料：豆腐 40 克，鸡胸肉 50 克，西红柿、豌豆各 20 克，盐、香油各适量。

做法：

1 将豆腐切成块，用开水焯烫 1 分钟；鸡胸肉洗净，切丁；西红柿洗净，去皮，切成小丁。

2 将豆腐块、鸡肉丁、西红柿丁、豌豆放入锅中，加适量清水大火煮沸后转小火煮 20 分钟。

3 待所有食材熟透后加盐调味，淋入香油即可。

杜仲猪腰汤

预防产后乏力 补充营养

营养功效：本周新妈妈活动增加，适宜吃些杜仲，能防止腰部疼痛，而且杜仲还可减轻产后乏力、头晕等不适。

原料：猪腰 200 克，杜仲 15 克，葱段、姜片、盐各适量。

做法：

1 猪腰洗净，剔除筋膜后切成腰花，用开水汆烫，洗去血沫后捞出沥干；杜仲洗净。

2 砂锅中加入适量清水，放入杜仲用大火煮开，转小火煮成浓汁，倒入碗中。

3 砂锅置火上，倒入适量清水，加葱段、姜片、腰花与杜仲药汁同煮 10 分钟，加盐调味即可。

这道汤有利尿、去水肿的功效。

午餐

肉片炒蘑菇

营养功效：蘑菇可以抗疲劳，帮助新妈妈缓解疲劳。

缓解疲劳　增强体力

原料：猪肉、蘑菇各 100 克，黄瓜 1 根，葱段、姜片、盐、高汤各适量。
做法：

1. 将猪肉、蘑菇、黄瓜分别洗净，切薄片。
2. 油锅烧至七成热，放葱段和姜片炒香，下入猪肉片用小火煸炒至熟。
3. 放入蘑菇片、黄瓜片大火翻炒至熟。
4. 加入盐和适量高汤调味，炒匀后盛出撒上葱花即可。

平菇小米粥

营养功效：平菇含有多种维生素及矿物质，可以帮助新妈妈改善机体新陈代谢，增强体质。

增强体质　改善新陈代谢

原料：大米、小米各 50 克，平菇 30 克，盐适量。
做法：

1. 平菇洗净，撕成条，焯烫至断生；大米、小米分别洗净，浸泡 30 分钟。
2. 锅中加适量清水，放入泡好的大米、小米，大火烧沸后转小火熬煮。
3. 待米将熟时，放入平菇条继续煮至米烂粥稠，加盐调味即可。

忌用热水淘洗小米。

玉米西红柿羹

营养功效：玉米具有调中开胃、清热利肝、延缓衰老等食疗功效，西红柿有生津止渴、消食利尿等功能，此羹可以帮助新妈妈促进新陈代谢，有助于增强体质。

增强体质 调中开胃

吃玉米对促食欲、去水肿有一定作用。

晚餐

原料：玉米粒100克，西红柿80克，香菜叶、高汤、盐各适量。

做法：

1 西红柿洗净，用热水烫一下去皮，切丁；玉米粒洗净，沥干水。

2 锅中加适量高汤煮开，下入玉米粒、西红柿丁同煮。

3 待玉米粒熟，加盐调味，撒入香菜叶即可。

木瓜烧带鱼

营养功效：木瓜含有木瓜蛋白酶，有分解蛋白质的能力，鱼、肉等动物类食物可被它分解成人体很容易吸收的养分，缓解新妈妈脾胃虚弱、消化不良。

均衡营养 健脾胃

原料：带鱼1条，木瓜50克，葱段、姜片、醋、盐、酱油各适量。

做法：

1 将带鱼去内脏，洗净，切长段；木瓜洗净，去皮、去子，切条。

2 砂锅置火上，加入适量清水及带鱼段、葱段、姜片、醋、盐、酱油一同煲至八分熟。

3 下入木瓜条继续炖至带鱼熟透即可。

晚餐

PART 5

产后第 5 周

本周，恶露几乎干净了，白带开始正常分泌。子宫基本恢复到产前大小，耻骨松弛状态好转。肠胃功能也基本恢复正常，但也不要吃太多高油脂食物。

哺乳妈妈在前 4 周的催乳调养基础上，本周乳汁分泌增加，哺乳妈妈要做好护理工作，预防乳头皲裂和乳腺炎。非哺乳妈妈则要预防停乳后出现乳房突然变小或加重下垂的情况。

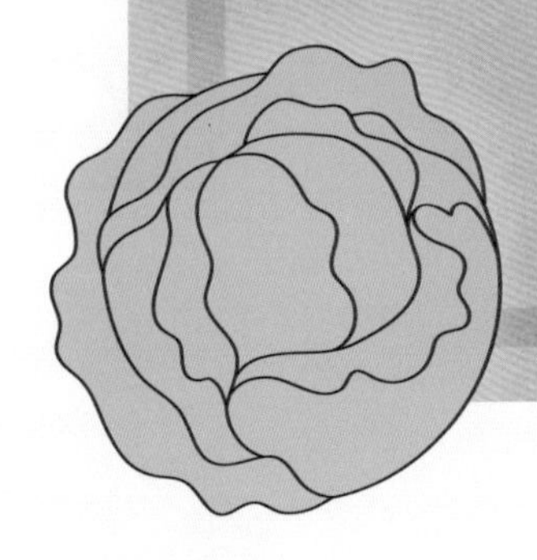

第5周饮食宜忌速查

本周，新妈妈的身体基本已经恢复，进补可以适量减少了，但也不能过度节食，要做到营养均衡。本周应注意控制油脂类食物的摄入，脂肪摄入过多不仅不利于恢复，还容易引起体重增、乳腺管堵塞等问题。此外，新妈妈还可以适当吃些美容养颜的食物，帮助恢复往昔的美丽。

宜吃红色蔬菜

产后新妈妈每餐可适当吃些新鲜蔬菜和水果，特别是西红柿、胡萝卜等红色蔬菜，中医认为这类蔬菜具有补血、生血的功效，能促进新妈妈伤口愈合、胃口好转，还可以帮助新妈妈恢复美丽。

营养师给新妈妈的私信

- 本周进补可以适当减少，一日三餐应求质不求量，新妈妈可以多吃些富含蛋白质、维生素、微量元素等营养素的食材，如鳝鱼、芹菜等。
- 本周新妈妈要减少脂肪的摄入，因为经过4周产后进补，身体已经储存了不少脂肪，不加以控制，只会加重身体负担，还会对后期的瘦身不利。

每天1个水果巧美容

新妈妈可以适当多吃些美容养颜的蔬果，如每天吃1个富含维生素C的猕猴桃、西红柿等，有助于新妈妈护肤美白。

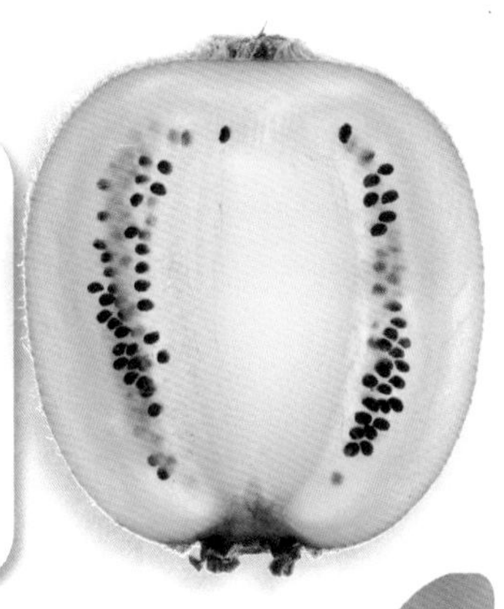

不宜摄入过多的脂肪，可以适当吃些富含维生素的水果，美容养颜。

螃蟹性寒，多食会腹痛、腹泻。

中医认为杏仁有小毒，不宜多吃。

质不宜食用芒果。

油炸食品对肠胃有影响。

宜补充维生素 B_1 防脱发

新妈妈原本光泽、有韧性的头发会在产后失去光泽，变得干枯，有些新妈妈还会出现明显的脱发症状，这是受到体内激素的影响而造成的，一般这种情况会在1年之内自愈，新妈妈不必过分担心，可以通过吃一些花生、黑芝麻等维生素 B_1 含量丰富的食物来缓解。

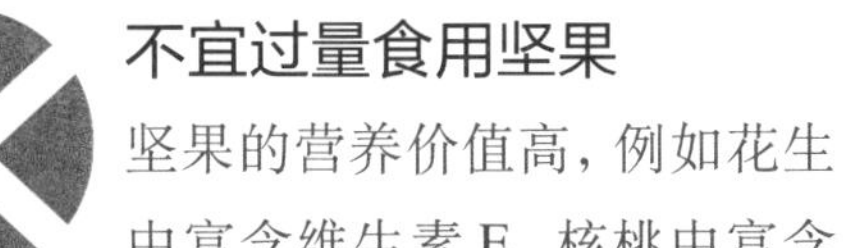

不宜过量食用坚果

坚果的营养价值高，例如花生中富含维生素E，核桃中富含铁、镁等矿物质，榛子中含有磷、钙、锰元素。新妈妈适量食用坚果可以帮助自身恢复，也可以将坚果中的营养素通过母乳传递给宝宝。但坚果的油脂含量相对较高，产后新妈妈多吃容易消化不良。

不宜吃零食

有些新妈妈在孕前非常喜欢吃薯片、蛋糕等小零食，孕期中因为有诸多忌口，新妈妈忍过了孕期，如今或多或少有些“嘴馋”，但因为大部分薯片类市售零食中含有较多的盐、糖和油，有些还含有大量色素，新妈妈一定要继续忍住，否则会影响到母乳喂养宝宝的健康。

不同类型新妈妈本周进补方案

本周新妈妈身体已经基本恢复，进补量可以稍微有所减少，但本周仍是新妈妈改善体质的黄金时期，一定要保证足量摄入日常所需的营养素，因此本周新妈妈的饮食仍要做到清淡、营养均衡。可以适当食用一些养颜美体的食物，使新妈妈容光焕发。

顺产妈妈

顺产妈妈的恢复比剖宫产妈妈要快些，身体基本恢复了，没有感觉到明显的不适，本周的重点就可以放在美容护肤上面，吃些能美容养颜的食材，如干玫瑰花、猕猴桃等，但也一定不要忘记保证饮食均衡、营养充足。

1. **虾酱** 补钙
2. **猕猴桃** 护肤、淡斑
3. **丝瓜** 美白护肤
4. **干玫瑰花** 活血、美容
5. **葡萄** 恢复皮肤弹性

常用玫瑰花泡水喝，能预防产后抑郁，还能美容养颜。

剖宫产妈妈

剖宫产妈妈本周仍然处于恢复期，不过肚子上的伤口已经基本愈合，但留有发紫、发硬的瘢痕，此时，剖宫产妈妈应继续补充蛋白质，促进腹内伤口的恢复，同时，可以适当吃些能够辅助去除瘢痕的富含维生素C的食物，如桑葚。

哺乳妈妈

本周随着哺乳妈妈身体好转，不用再大量进补了，但本周仍是改善体质的好时机，哺乳妈妈不要为了瘦身而影响身体健康和乳汁质量。可以吃些像猪蹄这样富含胶原蛋白，既能美容，又能促进乳汁分泌的食物，但注意不要过量。

非哺乳妈妈

非哺乳妈妈本周不宜吃得太多，因为非哺乳妈妈活动量较少，又不需要哺乳，如果过量进食，多余的营养就会堆积在体内，不利于以后的瘦身。本周非哺乳妈妈可减少正餐的摄入量，及时补充一些水果如苹果、火龙果等。

桑葚忌与鸭蛋同食。

黄豆猪蹄汤含丰富胶原蛋白，有助于伤口愈合，还能促进乳汁分泌。

苹果用淡盐水浸泡可减缓氧化。

第 5 周新妈妈吃点啥

清淡、营养充足且均衡是本周新妈妈饮食的宗旨。调养身体仍是本周重点，不过，新妈妈也可以有意识地吃些养颜美容的食物，如猪蹄、猕猴桃等含有胶原蛋白和维生素 C 的食物，为自己美美容。

产后第 29 天

新妈妈应在一日三餐中加些清淡、营养丰富的汤和粥，搭配时令蔬菜一起食用，可促进新妈妈身体恢复。

新妈妈一日营养食谱搭配推荐

早餐	上午加餐	午餐	下午加餐	晚餐
田园蔬菜粥 1 碗 肉夹馍 1 个	葡萄哈密瓜露 1 杯 蛋卷 1 个	芦笋炒肉丝 1 份 菠菜猪血汤 1 碗 米饭 1 碗	花生鸡爪汤 1 碗 樱桃 6 个	娃娃菜豆腐汤 1 碗 虾仁西红柿面 1 份

- 汤类食物易于人体吸收蛋白质、维生素、矿物质等营养素，还对乳汁质量有很大的补充效用，哺乳妈妈可以每天喝，但应做到不油腻。
- 饭前喝汤，能润滑口腔、食管，从而防止干硬食品刺激消化道黏膜，有利于食物稀释和搅拌，促进食物被消化、吸收。

田园蔬菜粥

补充营养 预防便秘

早餐

营养功效：田园蔬菜粥可以帮助新妈妈补充维生素，有助于预防、缓解便秘。

原料：西蓝花、胡萝卜、芹菜各 30 克，大米 100 克，盐适量。

做法：

1. 西蓝花洗净，掰成小朵；胡萝卜洗净，去皮，切丁；芹菜洗净，去根、去叶，切成 1 厘米长的小段；大米洗净，浸泡 30 分钟。
2. 锅置火上，放入大米和适量水大火烧开后转小火煮至大米开花，放胡萝卜丁、芹菜段、西蓝花继续熬煮；待食材熟透，加盐调味即可。

芦笋应低温避光保存。

芦笋炒肉丝

促进乳汁分泌　增强免疫力

营养功效：芦笋含有蛋白质、膳食纤维、氨基酸等营养素，是提高免疫力、恢复体质的不错食材，另外，芦笋还可促进乳汁分泌，哺乳妈妈应适当多吃一些。

原料：猪瘦肉50克，芦笋40克，胡萝卜20克，葱丝、盐、白糖各适量。

做法：

1 猪瘦肉切丝备用；芦笋洗净，切段；胡萝卜洗净，切丝。

2 锅中烧开水，放入芦笋段和胡萝卜丝焯一下，捞出备用。

3 油锅烧热，煸香葱丝，倒入猪瘦肉丝煸炒至变色。

4 倒入芦笋段和胡萝卜丝一起翻炒，加盐、白糖调味即可。

下午加餐

花生鸡爪汤

美容养颜　低脂

营养功效：鸡爪含有胶原蛋白，且脂肪含量较低，有美容功效，不会让新妈妈增重。

原料：鸡爪50克，花生20克，木瓜15克，姜片、盐各适量。

做法：

1 鸡爪去爪尖，洗净；花生洗净，浸泡30分钟；木瓜洗净，去皮、去子，切成块。

2 沸水锅中放入鸡爪、花生、姜片大火煮开，转中火慢炖至鸡爪熟透。

3 放木瓜块再煮10分钟，加盐调味即可。

娃娃菜豆腐汤

补钙　润肠

营养功效：娃娃菜豆腐汤含有蛋白质、钙及维生素，有补钙、润肠胃、增进食欲的功效。

原料：娃娃菜、豆腐各50克，虾皮、高汤、葱花、盐、香油各适量。

做法：

1 娃娃菜洗净，切成丝；豆腐切成块；虾皮洗净。

2 油锅烧热，放入葱花爆香，下入娃娃菜翻炒片刻，加入适量高汤煮沸。

3 放入豆腐块，煮至豆腐块浮起，放入虾皮煮至熟，加入葱花、盐、香油调味即可。

晚餐

产后第 30 天

产后进补不能盲目进行，按体质进补是产后进补的重要原则。体质较好、体形偏胖的新妈妈，月子期间应减少肉类的摄取，多吃蔬果；体质较差、体形偏瘦的新妈妈，可适当增加肉类的摄入；患有高血压、糖尿病的新妈妈则应多吃蔬菜、瘦肉等低热量、高营养的食物。

新妈妈一日营养食谱搭配推荐

早餐	上午加餐	午餐	下午加餐	晚餐
莲子芡实粥 1 碗 煮鸡蛋 1 个 肉包 1 个	鸡肝粥 1 碗 苹果 1 个	冰糖枸杞炖肘子 1 份 芹菜炒香菇 1 份 家常饼 1 块	菠菜橙汁 1 杯 油菜鸡蛋煎饼 1 块	虾酱蒸鸡翅 1 份 如意蛋卷 1 份 大米粥 1 碗

- 不管新妈妈是什么体质，在选择进补食品时，不宜食用生冷食物。温和且适量进补才是进补准则。
- 新妈妈每日饮食要保证全面摄入营养素，新妈妈可根据自身体质进行增减，但不要一刀切地不摄取某种营养素，或只摄入某种营养素。

莲子芡实粥

养心安神 清火

营养功效：莲子养心安神，还有清火的作用，和芡实一同食用有助于新妈妈调养恢复。

原料：大米 50 克，莲子 20 克，核桃仁、芡实各 10 克。

做法：

1 将大米、莲子、核桃仁、芡实洗净，浸泡水中 2 小时。

2 把莲子、核桃仁、芡实和大米一同倒入锅中，加适量水，以小火熬煮成粥即可。

早餐

鸡肝粥

补血 益肾

营养功效：鸡肝含丰富的蛋白质、脂肪、糖类、钙、磷、铁及维生素 A 和 B 族维生素，煮粥服食，对新妈妈补血、补肾补肝、明目都有很好的帮助。

原料：鸡肝 30 克，大米 100 克，葱花、姜末、盐各适量。

做法：

1 将鸡肝洗净，切碎；大米洗净，浸泡 30 分钟。

2 鸡肝碎与大米同放锅中，加适量清水，煮成粥。

3 待熟时放入葱花、姜末、盐，再煮 3 分钟即可。

冰糖枸杞炖肘子

活血补血 补虚

营养功效：猪肘肉含有丰富的蛋白质和脂肪，和枸杞子同食，有活血补血、通乳、健体的作用，非常适宜产后体虚的哺乳妈妈。

原料：带皮猪肘肉 300 克，枸杞子、冰糖各适量。

做法：

1 将带皮猪肘肉洗净，下沸水汆烫一下，捞出洗去血沫；枸杞子洗净备用。

2 将猪肘肉切块放入锅内，加水大火烧开，放入枸杞子同煮。

3 用小火慢炖至猪肘肉熟烂，加入冰糖，待冰糖化开关火即可。

食用猪肉后不宜大量饮茶。

芹菜炒香菇

营养功效：芹菜有利水消肿、美白护肤的功效，还可稳定新妈妈情绪，适宜新妈妈本周食用，而且，经过前 4 周的滋补，吃点素菜，会令新妈妈感到清爽。

稳定情绪

滋补身体

吃芹菜能有效预防缺铁性贫血。

原料：芹菜 60 克，鲜香菇 50 克，醋、盐、水淀粉各适量。

做法：

1. 芹菜去叶、根，洗净，剖开，切成 2 厘米长的段；鲜香菇洗净，切片。
2. 醋、水淀粉混合后装在碗里，加适量水兑成芡汁备用。
3. 油锅烧热，倒入芹菜段煸炒 2 分钟，放入香菇片迅速炒匀，加入盐炒匀，将熟时淋入芡汁，翻炒均匀即可。

菠菜橙汁

营养功效：这款饮品能润肠通便，提高新妈妈食欲，丰富的维生素 C 不仅能够提高母子身体对铁的吸收率，预防贫血，还有美白的功效。

润肠通便

增进食欲

原料：菠菜 40 克，胡萝卜 20 克，橙子、苹果各 50 克。

做法：

1. 菠菜用开水焯过，切段；橙子洗净，连皮一起切小块；胡萝卜洗净削皮，切小块；苹果洗净，去核，切小块。
2. 将菠菜段、胡萝卜块、苹果块、橙子块一起放入榨汁机中，加适量温开水榨汁，滤去蔬果渣即可饮用。

补充体力 补钙

虾酱蒸鸡翅

营养功效：虾酱中蛋白质、钙、铁等营养素的含量都较高，适用于哺乳妈妈，在提高乳汁质量的同时，也能促进新妈妈补充体力及钙质。

晚餐

原料：鸡翅中 100 克，虾酱 10 克，葱段、姜片、水淀粉、盐、白糖各适量。

做法：

1 洗净鸡翅中，沥干水分，在鸡翅中上划几刀，用水淀粉和盐腌制 15 分钟。

2 将腌好的鸡翅中放入一个较深容器中，加入虾酱、姜片、白糖拌匀，盖上盖儿腌制 15 分钟。

3 将腌好的鸡翅中放进微波炉用大火加热 8 分钟，取出加入葱段，再放入微波炉中大火加热 2 分钟，取出码入盘中即可。

均衡营养 补充体力

如意蛋卷

营养功效：如意蛋卷食材丰富，荤素搭配，是一道营养均衡的食物，适合新妈妈食用。

原料：虾仁 2 只，鸡蛋 1 个，净鱼肉 1 片，蒜薹 4 根，海苔、水淀粉、盐各适量。

做法：

1 将净鱼肉、虾仁洗净，一起剁成蓉，加入水淀粉、盐，搅打上劲；蒜薹洗净，焯烫断生；鸡蛋打散，加少量水，调成鸡蛋液。

2 油锅烧热，将鸡蛋液倒入锅中，摊成蛋皮。

3 蛋皮上依次铺上海苔、鱼虾肉蓉、蒜薹，将蛋皮卷起来，接缝处抹上少许水淀粉粘合。

4 放入蒸锅中隔水蒸熟，取出切段即可。

产后第 31 天

新妈妈饮食应遵循食物品种多样化的原则，可以用五色食材进行搭配，即黑、绿、红、黄、白食材尽量都能吃到，既增加食欲，又均衡营养。新妈妈千万不要依靠服用营养品来代替饭菜，食用营养均衡的饭菜，经过人体自身消化，才能真正做到科学、健康地进补。

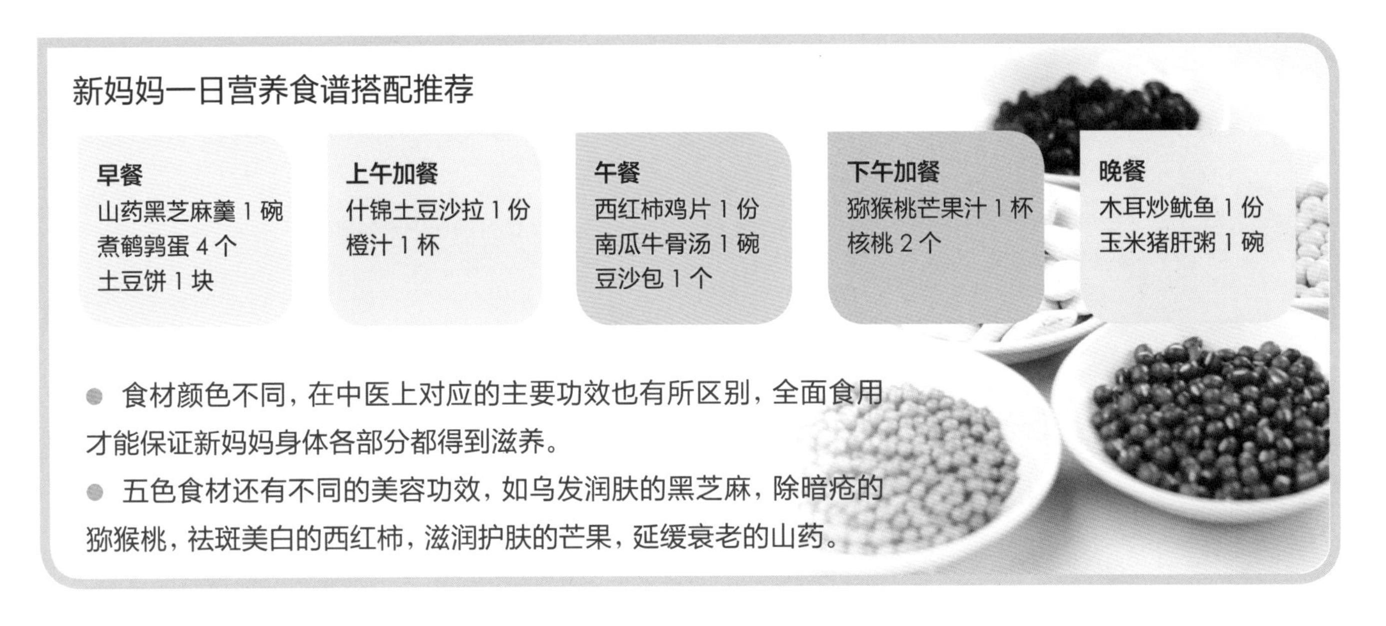

新妈妈一日营养食谱搭配推荐

早餐
山药黑芝麻羹 1 碗
煮鹌鹑蛋 4 个
土豆饼 1 块

上午加餐
什锦土豆沙拉 1 份
橙汁 1 杯

午餐
西红柿鸡片 1 份
南瓜牛骨汤 1 碗
豆沙包 1 个

下午加餐
猕猴桃芒果汁 1 杯
核桃 2 个

晚餐
木耳炒鱿鱼 1 份
玉米猪肝粥 1 碗

- 食材颜色不同，在中医上对应的主要功效也有所区别，全面食用才能保证新妈妈身体各部分都得到滋养。
- 五色食材还有不同的美容功效，如乌发润肤的黑芝麻，除暗疮的猕猴桃，祛斑美白的西红柿，滋润护肤的芒果，延缓衰老的山药。

山药黑芝麻羹

益肝　补肾养血

营养功效：山药黑芝麻羹有益肝、补肾、养血、健脾、助消化的作用，是极佳的保健食品，而且山药黑芝麻羹具有美容乌发的功效，很适合新妈妈在本周食用。

原料：山药、黑芝麻各 50 克，白糖适量。

做法：

1 黑芝麻洗净，沥干水，放入锅内炒香，研磨成粉；山药洗净，烘干，研磨成细粉。

2 锅内加入适量清水，烧沸后将黑芝麻粉和山药粉加入锅内不断搅拌成糊，放入白糖调味，继续煮 5 分钟即可。

黑芝麻忌与鸡肉同食。

西红柿鸡片

营养功效：西红柿有清热解毒、利尿通便、健胃消食、保持皮肤弹性等功效。

原料：西红柿 150 克，鸡胸肉 100 克，荸荠 20 克，鸡蛋清 1 个，水淀粉、盐、白糖各适量。

清热解毒　助消化

午餐

做法：

1 鸡胸肉洗净，切片，加入盐、鸡蛋清、水淀粉腌制；荸荠去皮洗净，切片；西红柿洗净，切块。

2 油锅烧热，放入鸡片，大火翻炒至变色，捞出沥油。

3 另起油锅烧热，下西红柿块，炒出汤汁，加荸荠片及适量清水大火烧开，放盐和白糖调味，用水淀粉勾芡。

4 最后倒入鸡片翻炒均匀即可。

猕猴桃芒果汁

美容养颜　增强抵抗力

营养功效：猕猴桃具有美容养颜、增强抵抗力的作用，芒果在滋润皮肤方面也有很好的效用，两者搭配食用，口感细腻，能使美丽加倍。

原料：芒果 1 个，猕猴桃 2 个。
做法：

1 芒果去皮、去核，切成小块；猕猴桃切去两头，用勺子沿外皮旋转，取出果肉，切成小块。

2 将芒果块、猕猴桃块放入榨汁机中，加适量温开水，搅打成汁，将果渣和果汁混合均匀即可。

下午加餐

木耳炒鱿鱼

补钙　预防贫血

营养功效：木耳中的铁、钙含量很高，鱿鱼富含蛋白质、钙、磷、铁，二者搭配食用，对新妈妈缺铁性贫血有很好的辅助治疗作用。

原料：鱿鱼 100 克，木耳 20 克，胡萝卜、盐各适量。
做法：

1 将木耳泡发，洗净，撕成小片；胡萝卜洗净、切丝；鱿鱼洗净，在背上切斜刀花纹，用开水氽烫成卷，沥干水。

2 油锅烧热，放入胡萝卜丝、木耳片、鱿鱼卷翻炒均匀，加盐调味即可。

晚餐

产后第 32 天

新妈妈身体已经恢复得不错了，精力也基本恢复，但面色变黄、乳房下垂成了一些新妈妈心中的痛，此时可以通过饮食来调理一下。比如吃些猪蹄粥来补充胶原蛋白，预防、缓解乳房下垂；喝玫瑰草莓露补充维生素 C，帮助美白等。

新妈妈一日营养食谱搭配推荐

早餐
奶香玉米饼 1 块
煮鸡蛋 1 个
豆浆 1 杯

上午加餐
鲢鱼小米粥 1 碗
桑葚 10 个

午餐
猪蹄粥 1 碗
蛋奶炖布丁 1 份
海带烧肉 1 份

下午加餐
玫瑰草莓露 1 杯
腰果 5 颗

晚餐
丝瓜粥 1 碗
糖醋西葫芦丝 1 份

- 坚持胸部锻炼是预防乳房下垂的好方法，很适合本周已经可以进行适量锻炼的新妈妈。
- 哺乳妈妈因为乳汁充满乳腺，重量明显加大，更容易造成乳房下垂，平时应注意营养摄入不要过剩，及时排空乳汁，以预防乳房下垂。

奶香玉米饼

增强新陈代谢 美肤

营养功效：玉米的胚芽有增强人体新陈代谢的作用，能起到使皮肤细嫩光滑，抑制、延缓皱纹产生的作用。

原料：玉米粒 200 克，面粉 150 克，鸡蛋 2 个，奶油、白糖各适量。

做法：

1 玉米粒洗净，沥干；鸡蛋打散；奶油溶化备用。

2 将玉米粒、溶化的奶油放入打散的鸡蛋中，加适量水搅匀，再倒入面粉，搅匀成糊状。

3 油锅烧热，倒入搅拌好的玉米面糊，铺平煎熟即可。

玉米中含丰富维生素 E，有祛斑效果。

鲢鱼小米粥

营养功效：鲢鱼有泽肤、乌发、养颜的功效，也可利水通乳，是哺乳妈妈瘦身、美容、催乳的不错选择。

养颜 利水通乳

上午加餐

此粥能促进新妈妈身体恢复及乳汁分泌。

原料：鲢鱼 1 条，小米 100 克，丝瓜 50 克，盐适量。

做法：

1 鲢鱼去鳞、去内脏，洗净，去刺取肉，切成片；丝瓜去皮、去瓤，洗净，切片；小米洗净。

2 锅置火上，放入小米、丝瓜片及适量水，大火烧开后转小火继续熬煮至丝瓜熟软，小米开花。

3 下入鲢鱼肉片，继续熬煮至鱼肉熟透，加盐调味即可。

蛋奶炖布丁

营养功效：牛奶有改善皮肤细胞活性，延缓皮肤衰老，增强皮肤张力，保持皮肤润泽细嫩的作用。

润泽细肤 养颜

原料：牛奶 250 毫升，鸡蛋 1 个，白糖、黄油各适量。

做法：

1 鸡蛋打散；黄油溶化成液体；牛奶分为两份，一份与鸡蛋液混合均匀，另一份备用；布丁模洗净擦干，薄涂一层黄油备用。

2 锅中加少量水和白糖，小火慢熬至金黄色，趁热将白糖液倒入布丁模内，高约 2 厘米即可。

3 另起一锅，放入剩余牛奶及白糖，小火加热至白糖熔化，再倒入牛奶蛋液中搅匀，用干净纱布过滤即成蛋奶浆。

4 将蛋奶浆倒入布丁模内八分满，入蒸锅小火隔水蒸熟透即可。

猪蹄粥

营养功效：猪蹄含有丰富的胶原蛋白，可增强皮肤弹性和韧性，是新妈妈理想的美容佳品。

养颜 美容

原料：猪蹄 60 克，大米 50 克，花生 10 颗，葱段、姜片、盐各适量。

做法：

1 猪蹄洗净切成小块，在开水锅内汆烫一下，洗去血沫；大米、花生分别洗净，浸泡 30 分钟。

2 砂锅加水，放猪蹄块、姜片、葱段煮开，转小火继续熬煮 1 小时。

3 放入泡好的大米、花生，再熬煮 1 小时。

4 待猪蹄熟透，米烂粥稠后加盐调味即可。

玫瑰草莓露

营养功效：干玫瑰花中维生素 C 含量高，有美白养颜的功效，产后皮肤暗淡的新妈妈可以取适量泡水饮用。

美白 养颜

原料：干玫瑰花 5 克，草莓 100 克，牛奶 125 毫升。

做法：

1 干玫瑰花取花瓣，轻搓至碎；草莓洗净，去蒂，切小块。

2 将干玫瑰花瓣碎、草莓块放入榨机中榨汁，倒入杯中。

3 将牛奶倒入果汁中，搅拌均匀即可。

草莓含大量果胶及膳食纤维，可促进肠胃蠕动、帮助消化。

丝瓜粥

营养功效：丝瓜中含有的多种维生素，不仅可以延缓皮肤干燥、衰老，而且还有美白皮肤的作用。

晚餐

新妈妈体质偏虚寒，所以要少量食用。

原料：丝瓜 1 根，大米 30 克，白糖适量。

做法：

1 将丝瓜去皮，切小块；大米洗净，浸泡 30 分钟。

2 将大米放入锅中，加入适量清水、丝瓜块，用大火烧沸。

3 改用小火煮至粥成，丝瓜熟软，加白糖调味即可。

美白 滋润皮肤

糖醋西葫芦丝

晚餐

营养功效：西葫芦含有多种 B 族维生素，可保持细胞的能量充沛，让新妈妈健康又漂亮。

增加皮肤弹性 补充营养

原料：西葫芦 1 个，蒜末、盐、醋、白糖、淀粉各适量。

做法：

1 西葫芦洗净，去子，切丝；碗中放盐、白糖、醋、淀粉和适量水调成料汁，备用。

2 油锅烧热，放入蒜末，煸香，倒入西葫芦丝翻炒。

3 将调好的料汁沿锅边淋入锅里，翻炒均匀即可。

酸酸甜甜的味道，能增进新妈妈的食欲。

产后第 33 天

产后新妈妈会发现，松松软软的肚子并没有随着宝宝的出生、月子的调养而有所减小，而且脸上还会出现一些细小的皱纹，这时新妈妈先不要急于节食减肥，而是应注意恢复皮肤的紧致，新妈妈可以通过坚持适量的锻炼和按摩，配合口味清淡、营养均衡的饮食进行调节。

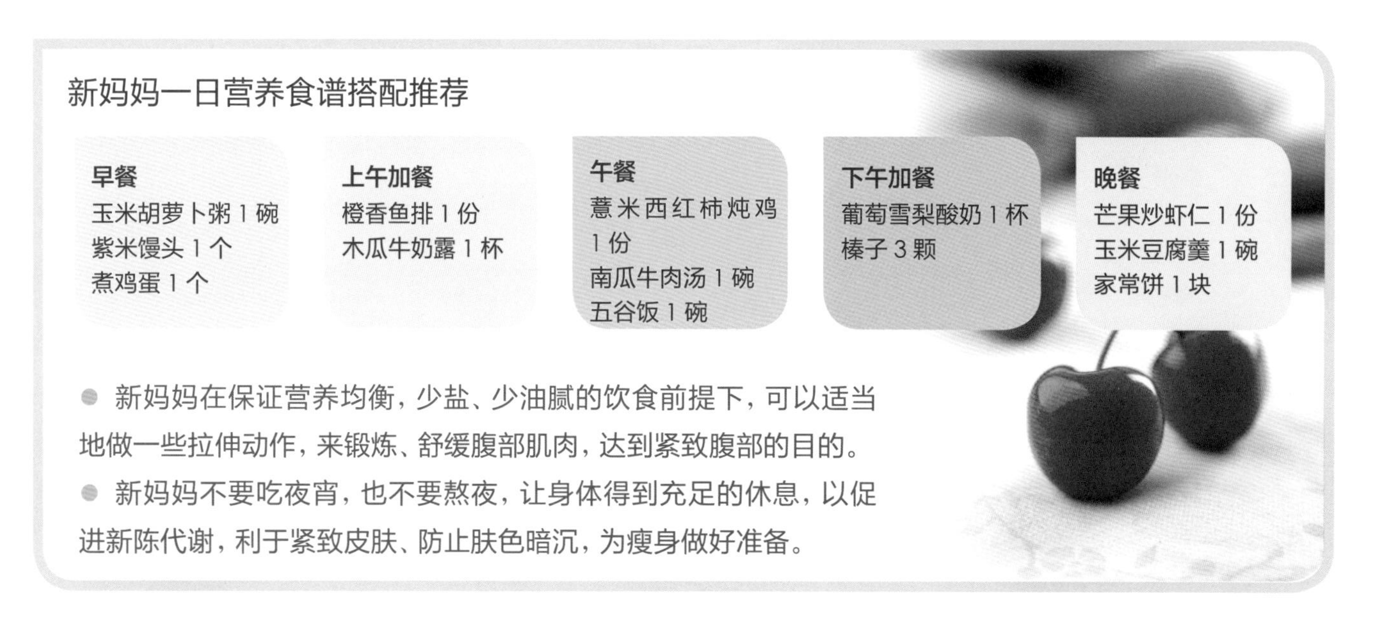

新妈妈一日营养食谱搭配推荐

早餐
玉米胡萝卜粥 1 碗
紫米馒头 1 个
煮鸡蛋 1 个

上午加餐
橙香鱼排 1 份
木瓜牛奶露 1 杯

午餐
薏米西红柿炖鸡 1 份
南瓜牛肉汤 1 碗
五谷饭 1 碗

下午加餐
葡萄雪梨酸奶 1 杯
榛子 3 颗

晚餐
芒果炒虾仁 1 份
玉米豆腐羹 1 碗
家常饼 1 块

- 新妈妈在保证营养均衡，少盐、少油腻的饮食前提下，可以适当地做一些拉伸动作，来锻炼、舒缓腹部肌肉，达到紧致腹部的目的。
- 新妈妈不要吃夜宵，也不要熬夜，让身体得到充足的休息，以促进新陈代谢，利于紧致皮肤、防止肤色暗沉，为瘦身做好准备。

玉米胡萝卜粥

淡化皱纹　抗氧化

营养功效：胡萝卜含有抗氧化剂胡萝卜素，能有效防止、淡化皱纹。

原料：胡萝卜 100 克，玉米粒、大米各 50 克。

做法：

1. 胡萝卜去皮洗净，切成小块；大米洗净，用清水浸泡 30 分钟；玉米粒洗净。
2. 将大米、胡萝卜块、玉米粒一同放入锅内，加清水大火煮沸。
3. 转小火继续煮至米烂粥稠即可。

胡萝卜不宜和富含维生素 C 的食物同食，会影响人体对维生素 C 的吸收。

薏米和西红柿都是美白佳品。

薏米西红柿炖鸡

恢复皮肤弹性　紧致皮肤

营养功效：西红柿中富含维生素 C，有助于促进新妈妈的皮肤恢复弹性，达到紧致皮肤的效果。

原料：薏米 50 克，鸡腿 1 个，西红柿 1 个，香菜叶、黄椒丝、姜丝、盐各适量。

做法：

1 薏米洗净，浸泡 30 分钟；鸡腿洗净，剁成块，放入沸水中汆烫一下，洗去血沫；西红柿洗净，切块。

2 薏米放入锅中，加适量水，用大火煮沸后转小火煮 30 分钟。

3 将鸡腿块、西红柿块加入薏米汤中，转大火煮沸后再转小火炖至鸡腿熟烂，撒入香菜末、黄椒丝、姜丝，加盐调味即可。

葡萄雪梨酸奶

美容　紧张皮肤

营养功效：葡萄子中含有花青素，具有很强的美容功效，且易于被人体吸收，能有效消除自由基，从而达到紧致肌肤、延缓衰老的作用。

原料：葡萄 300 克，雪梨 1 个，酸奶 250 毫升。

做法：

1 葡萄裹上面粉洗净；雪梨洗净，去核，切块。

2 将雪梨块、葡萄放入榨汁机中，加入少量温开水榨成汁，兑入酸奶中，搅匀即可。

芒果炒虾仁

美肤　修复肌肤细胞

营养功效：芒果可以修复肌肤细胞，使肌肤充满弹性。

原料：芒果 1 个，虾 150 克，青椒片、盐各适量。

做法：

1 芒果去皮、去核，洗净，切块；虾去头、去壳、去虾线，取虾仁，洗净；生菜洗净，撕成丝。

2 油锅烧热，下虾仁炒至变色，加盐调味。

3 待虾仁熟透后放入芒果块、青椒片，翻炒均匀即可。

晚餐

产后第 34~35 天

产后新妈妈会面临脸上长妊娠斑的可怕问题，这时可吃些富含维生素 E 的食物，能滋润皮肤，预防斑点的生成，如茭白。另外，还可以增加一些富含维生素 C 的新鲜蔬果，这些蔬果有消退色素的作用，能为新妈妈的美丽加分，如柠檬、柚子等。

新妈妈一日营养食谱搭配推荐

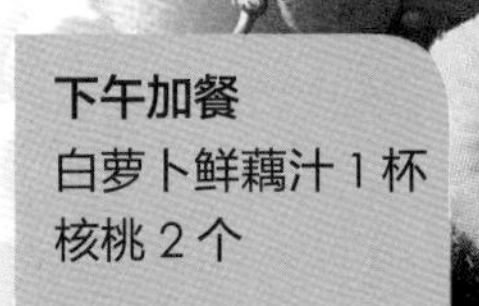

早餐
奶汁百合鲫鱼汤 1 碗
肉末蒸蛋 1 份
花卷 1 个

上午加餐
黄豆莲藕排骨汤 1 碗
烤馒头片 1 片

午餐
茭白炖排骨 1 份
银耳桂圆莲子汤 1 碗
南瓜饼 1 块

下午加餐
白萝卜鲜藕汁 1 杯
核桃 2 个

晚餐
冬瓜西红柿炒面 1 份
柚子猕猴桃汁 1 杯

- 柠檬中含有大量维生素 C，新妈妈常喝柠檬水，可美白肌肤，防止黑色素沉淀，达到祛斑的效果。
- 新妈妈在食用富含维生素 C、维生素 E 食物的同时，还可以在脸上敷些胡萝卜片、西红柿片，能辅助滋润、美白皮肤。

奶汁百合鲫鱼汤

延缓衰老 滋润皮肤

营养功效：牛奶有改善皮肤细胞活性，延缓皮肤衰老、增强皮肤张力，刺激皮肤新陈代谢、保持皮肤润泽细嫩的作用。

原料：鲫鱼 1 条，牛奶 200 毫升，木瓜、鲜百合、盐各适量。

做法：

1 鲫鱼去鳞、内脏，洗净；木瓜取肉切片；鲜百合洗净，撕片。

2 油锅烧热，放鲫鱼略煎，倒入适量清水大火烧开，转小火继续炖煮。

3 待汤汁成奶白色，放木瓜片、牛奶、鲜百合片稍煮，最后加盐调味即可。

早餐

黄豆莲藕排骨汤

莲藕中含有鞣质，有一定健脾止泻的作用，能增进食欲。

抑制皮肤衰老 防止色素沉着

营养功效：黄豆中所富含的维生素E能够消除自由基，不仅能抑制皮肤衰老，还能防止色素沉着于皮肤。

原料：黄豆、莲藕各20克，排骨50克，香菜叶、盐、高汤、醋、姜片各适量。

做法：

1 排骨洗净，切段；莲藕去皮，洗净切片；黄豆洗净，泡2小时。

2 油锅烧至五成热，倒入排骨段翻炒，下入高汤、姜片、黄豆、盐、醋、藕片炖煮。

3 开锅后移入砂锅中，炖至黄豆熟软、排骨肉骨分离，出锅时撒入香菜叶即可。

茭白炖排骨

营养功效：茭白不仅有催乳的功效，还有助于滋养皮肤，其中富含的维生素C是新妈妈美白的强力助手。

美容 美白

原料：茭白50克，排骨100克，香菇2朵，姜片、盐各适量。

做法：

1 茭白剥去绿色外皮，切去硬茎，洗净，切成约3厘米长的块状；排骨洗净切小段，在开水中汆烫，洗净血沫；香菇用清水泡发，洗净，切十字刀。

2 锅中放水煮开，放入排骨段、香菇和姜片大火煮20分钟。

茭白膳食纤维含量高，对产后便秘的新妈妈很有帮助。

银耳桂圆莲子汤

莲子中含有一种生物碱，具有很好的强心安神作用。

营养功效：银耳富含天然特性胶质，且具有滋阴作用，还有去除脸部黄褐斑、雀斑的功效。而且银耳还可帮助胃肠蠕动，减少脂肪吸收，是新妈妈产后减肥、淡斑的较好食材。

淡斑 减肥

原料：用银耳 20 克，桂圆、莲子各 10 克，冰糖适量。

做法：

1. 银耳用清水浸泡 2 小时，掐去老根，撕成小朵；桂圆去壳、去核；莲子去心洗净。
2. 将银耳、桂圆肉、莲子一同放入锅内，加适量清水，大火煮沸。
3. 转小火继续煮至银耳、莲子完全熟软，加入冰糖调味即可。

白萝卜鲜藕汁

营养功效：莲藕含有维生素 C、维生素 K、膳食纤维，是产后新妈妈的保健饮品，和白萝卜搭配，能增强新妈妈体质，润肤美白。

润肤美白 增强体质

原料：白萝卜、莲藕各 50 克，蜂蜜适量。

做法：

1. 白萝卜、莲藕分别洗净，切碎末；将莲藕末、白萝卜末放入榨汁机中榨汁。
2. 用干净的纱布过滤，取汁，加入适量蜂蜜，搅拌均匀即可。

喝些白萝卜鲜藕汁可以祛斑美白。

冬瓜西红柿炒面

营养功效：西红柿可以淡化妊娠斑，冬瓜有利水消肿的功效，可以预防产后水肿引发的虚胖，一起食用能有效为新妈妈淡斑、瘦身。

淡斑 瘦身

吃冬瓜对产妇有减肥和去肿的功效，还能提高奶水的质量。

原料：冬瓜、西红柿各 100 克，面条 150 克，盐、酱油、香油各适量。

做法：

1 冬瓜去皮、去瓤，洗净，切丝；西红柿洗净，去皮切丝。

2 锅中放清水，水开后放面条，待面条八成熟时捞出，放入提前准备好的凉白开中过凉，捞出备用。

3 油锅烧热，放入西红柿丝、冬瓜丝、盐翻炒至出汤汁。

4 下入面条翻炒至熟，加入酱油、盐调味，淋上香油即可。

柚子猕猴桃汁

营养功效：猕猴桃中的维生素 C 能干扰黑色素形成，预防色素沉淀，帮助新妈妈保持皮肤白皙。

美白 淡斑

原料：猕猴桃 3 个，柚子半个，蜂蜜适量。

做法：

1 猕猴桃切去两头，用勺子沿外皮内侧旋转，取出果肉，切块；柚子剥皮、去子，取果肉掰成小块。

2 将猕猴桃块、柚子块放入榨汁机中榨汁，倒入杯中搅匀，加蜂蜜调味即可。

柚子肉中丰富的维生素 C 有美容护肤的效果。

PART 6

产后第 6 周

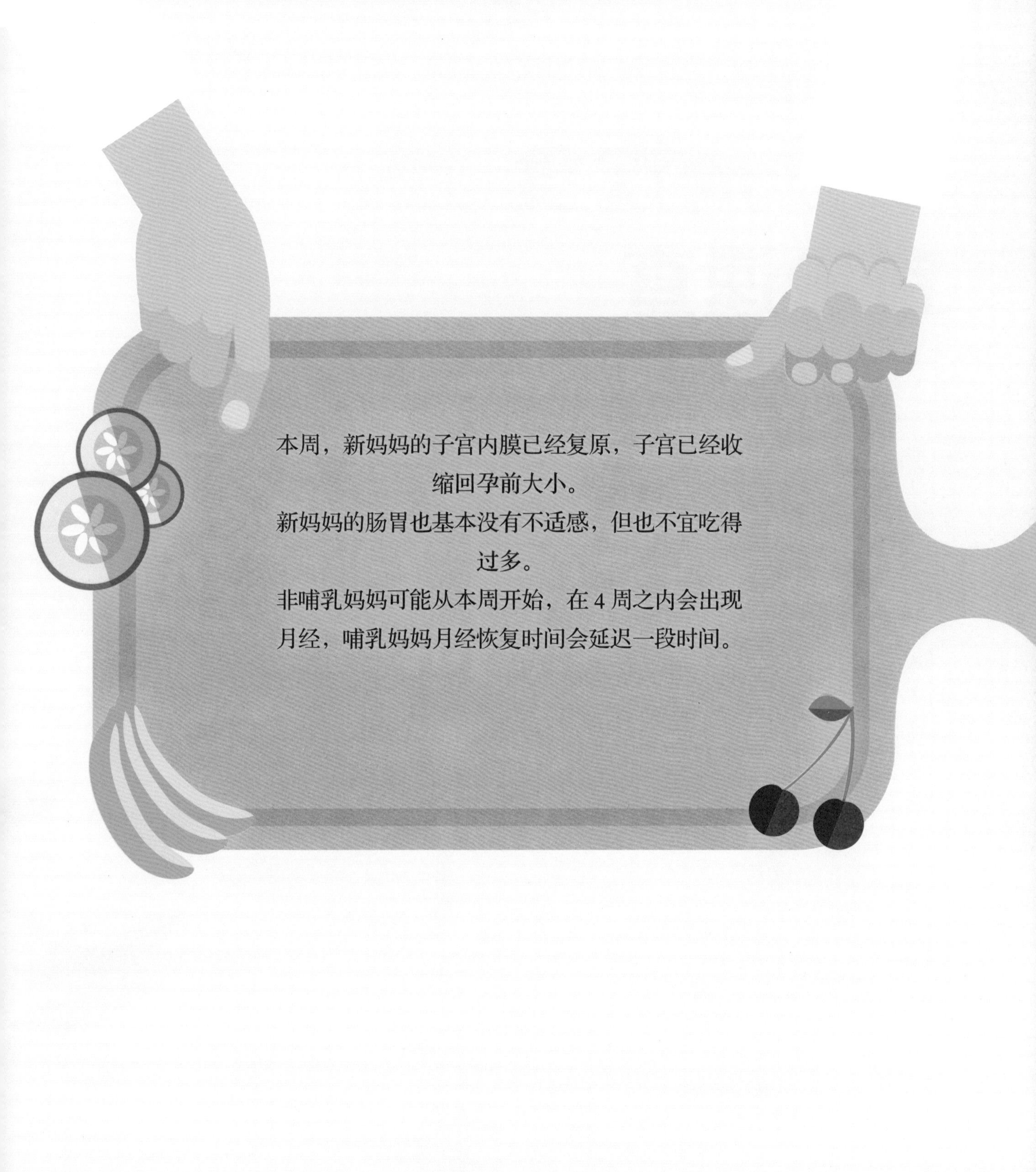

本周，新妈妈的子宫内膜已经复原，子宫已经收缩回孕前大小。

新妈妈的肠胃也基本没有不适感，但也不宜吃得过多。

非哺乳妈妈可能从本周开始，在 4 周之内会出现月经，哺乳妈妈月经恢复时间会延迟一段时间。

第6周饮食宜忌速查

新妈妈在这周不需继续大量进补了，可以开始为恢复身材做准备了，此时的新妈妈更要注意营养的均衡摄入，做到科学、健康瘦身。新妈妈不要用节食来达到瘦身的目的，此时的新妈妈还处于哺乳期和恢复期，如果因为过分节食而影响宝宝及自身健康，是很不“划算”的。

宜适量吃木耳

木耳中含有的膳食纤维和一种植物胶质，可以促进肠道蠕动，帮助排出肠道内脂质；木耳中所含的类核酸物质可以降低胆固醇和甘油三酯的含量，从而起到预防、缓解便秘和减肥瘦身的作用。

营养师给新妈妈的私信

- 本周，新妈妈的身体基本已经复原，不用再刻意进补，注意力应放到营养均衡上面。
- 本周，新妈妈可以开始关注瘦身了，首先调整正常饮食，做到清淡、少食多餐，其次逐渐增加运动量，辅助达到瘦身的目的。
- 新妈妈是否可以瘦身应根据自身状态决定，处在便秘、贫血状态及哺乳期的新妈妈并不适宜过早瘦身。

B 族维生素助瘦身

本周开启产后瘦身之旅，新妈妈可以吃一些能促进脂肪和糖分分解的富含 B 族维生素的食物，如蘑菇、木耳、茼蒿等。

宜适当吃些瓜皮

冬瓜皮、西瓜皮和黄瓜皮具有清热利湿、消脂瘦身的功效，新妈妈可在饮食中适量加入这三种瓜皮。冬瓜皮、西瓜皮和黄瓜皮可以入菜，也可以做汤，新妈妈可以根据喜好适量吃一些，但要注意西瓜皮要刮去蜡制外皮，取青皮食用，此外西瓜皮、冬瓜皮要做熟再吃。

不宜产后多吃少动

老人常说月子要静养，尽量不要下床走动，还要大量进补，殊不知这样坐月子并不健康。多吃少动不仅容易造成脂肪堆积，还不利于新妈妈产后恢复。新妈妈的饮食应当营养丰富且均衡，不可大吃猛补，同时要加以适当的产后锻炼，这样可以加速身体的恢复，更可以健康地达到瘦身效果。

不宜在贫血时瘦身

新妈妈在分娩时都会或多或少地出血，如果补血不及时、不合理，就会造成贫血，使产后恢复减慢，在贫血问题还没有得到解决时，新妈妈不适宜瘦身，因为此时瘦身很大程度上会加重新妈妈的贫血，所以一定要养好身体之后再着手恢复身材，这样新妈妈才能更健康、更美丽。

不同类型新妈妈本周进补方案

产后第6周，瘦身应被新妈妈逐渐提上日程，但应注意各类新妈妈在瘦身方法上有所区别。哺乳妈妈不要刻意减肥瘦身，而应在保证营养丰富的同时少摄入易造成脂肪堆积的食物，剖宫产和非哺乳妈妈则可以吃些高营养、低油脂的食物，并配合适量的运动达到瘦身目的。

顺产妈妈

顺产妈妈身体恢复得较好，可以进行适当的锻炼，饮食上的注意事项也相对较少。坚持少油、少脂、高维生素、高膳食纤维的饮食习惯，如多吃些西红柿、冬瓜等食物，就能避免脂肪继续增加，为此后的瘦身做好准备。

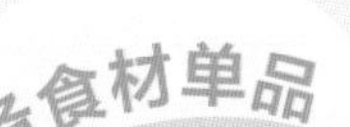

1. **冬瓜** 瘦身
2. **魔芋** 增强饱腹感
3. **木耳** 促进肠道功能
4. **竹荪** 减少脂肪堆积
5. **莲藕** 通便、排毒

这个阶段冬瓜汤每周吃一两次即可。

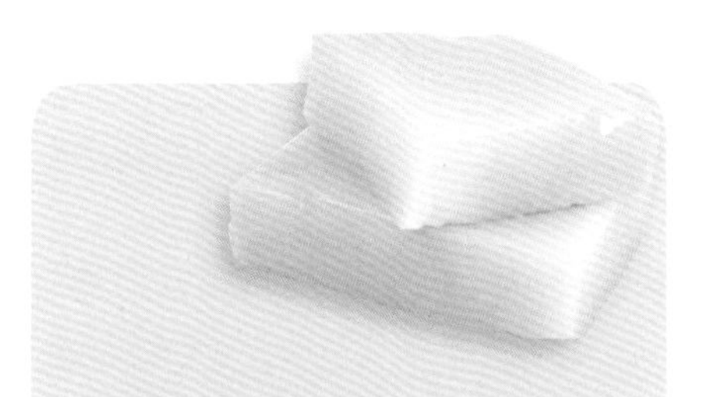

剖宫产妈妈

剖宫产妈妈恢复相对较慢，产后不能运动太多，因此产后瘦身就相对更难一些。剖宫产妈妈除坚持强度较小的运动锻炼外，饮食上的控制就更为重要了。剖宫产妈妈首先要保证身体恢复，其次要注意摄入 B 族维生素，帮助瘦身。

哺乳妈妈

哺乳妈妈不宜过早开始减肥瘦身，更不宜节食减肥，此时还处于哺乳期，要继续照顾到宝宝的营养，但可以为瘦身做准备，等到产后 6 个月后再结合运动瘦身。最好是在增加营养的同时，多吃一些高营养、低脂肪，且能减少脂肪堆积的食物，如竹荪。

非哺乳妈妈

非哺乳妈妈在身体恢复得不错的情况下可以适当瘦身了，应从饮食和运动两方面入手，来达到瘦身的效果。饮食上宜清淡，不宜大补，逐步地减少正餐摄入量；产后瘦身运动可以进行，但要注意，锻炼时间不宜过长，运动量也不可过大。

魔芋是糖尿病和肥胖妈妈的理想食品。

竹荪干贝乌鸡汤具有健脾养胃、美容瘦身、增强体质的功效。

非哺乳妈妈吃些富含高蛋白的豆腐有助于减肥瘦身。

第 6 周新妈妈吃点啥

产后第 6 周，新妈妈已经不适合大量进补，该注重产后瘦身了，所以本周饮食宜以低脂肪且富含膳食纤维的食物为主，好为接下来的产后瘦身做准备。

产后第 36 天

此时新妈妈应注重食物的质量，少食用高脂肪、不易消化的食物，以便瘦身，同时还要注意多吃水果。

新妈妈一日营养食谱搭配推荐

早餐	上午加餐	午餐	下午加餐	晚餐
糙米红薯南瓜粥 1 碗 煮鸡蛋 1 个 猪肉包 1 个	薏米绿豆粥 1 碗 苹果 1 个	炒豆皮 1 份 鲷鱼豆腐汤 1 碗 家常饼 2 块	木瓜竹荪炖排骨 1 碗 核桃 2 个	莲藕拌黄花菜 1 份 荠菜魔芋汤 1 份 二米饭 1 碗

- 坚果中富含蛋白质、多种维生素、矿物质、油脂，但新妈妈一定要适量吃，以免造成消化不良、体重增长过快。
- 糙米富含膳食纤维，有助于体内毒素排出，改善便秘现象，但口感较差，新妈妈可以混着大米煮粥食用。

糙米红薯南瓜粥

改善便秘　提供能量

营养功效：糙米容易让人有饱腹感，有利于控制食量。

原料：糙米 80 克，红薯、南瓜各 50 克。

做法：

1. 红薯去皮洗净，切成块；南瓜洗净，去皮、去瓤，切块；糙米洗净，浸泡 1 小时。
2. 糙米、红薯块、南瓜块一同放入锅内，加适量清水，大火煮沸，转小火煮至粥稠即可。

红薯富含的膳食纤维，能调节肠内菌群、预防便秘。

薏米绿豆糙米粥

营养功效：薏米具有利尿、补血、祛湿、消水肿的功效，很适合产后新妈妈排除体内多余水分。

原料：绿豆、薏米、大米、糙米各 50 克，白糖适量。

做法：

1 糙米、薏米、大米、绿豆分别洗净，浸泡 2 小时。

2 所有材料放入锅中，加入适量清水煮开。

3 转小火边搅拌边熬煮半小时至米、豆熟烂。

4 继续熬至粥稠，加入白糖调味即可。

利尿 补血

炒豆皮

营养功效：豆皮是高蛋白、低脂肪、不含胆固醇的营养食品，与香菇、胡萝卜同食，补充维生素的同时帮助新妈妈瘦身减重。

均衡营养 瘦身

原料：豆皮 1 张，鲜香菇、胡萝卜各 20 克，香油、姜片、盐各适量。

做法：

1 鲜香菇洗净，切块；胡萝卜洗净，切丝；豆皮洗净，切片。

2 锅内放香油烧热，爆香姜片，再放入豆皮片、胡萝卜丝、香菇块炒熟，加盐调味即可。

吃些豆皮补充优质蛋白。

鲷鱼不宜和西瓜一起吃。

鲷鱼豆腐汤

营养功效：鲷鱼是一种深海鱼，富含蛋白质、钙、钾、硒等营养素；豆腐可以补充钙质和植物蛋白，既滋补又不会摄入过多的热量和脂肪，辅助新妈妈瘦身。

补钙 瘦身

原料：鲷鱼 1 条，豆腐、胡萝卜各 50 克，葱末、盐各适量。
做法：

1 鲷鱼切块，入开水汆烫捞出，再用清水洗去浮沫；豆腐、胡萝卜洗净，切丁。

2 锅内放水，烧开，放入鲷鱼块、豆腐丁、胡萝卜丁，小火煮熟，放入盐调味，撒上葱末即可。

木瓜竹荪炖排骨

营养功效：竹荪有保护肝脏、减少腹壁脂肪堆积的作用，从而帮助新妈妈达到减肥的目的。

保护心脏 瘦身

原料：排骨 300 克，竹荪 25 克，木瓜半个，盐适量。
做法：

1 排骨切块，放入沸水中汆烫一下，洗去血沫；竹荪用盐水泡发，洗净，剪小段；木瓜去皮、去子，切块。

2 竹荪段、排骨块、木瓜块一起放入砂锅中，加盖炖 1 小时。

3 待排骨熟透，加盐调味即可。

木瓜搭配竹荪，养颜又减脂。

莲藕拌黄花菜

营养功效：黄花菜中含有丰富的膳食纤维，能够促进胃肠蠕动，是产后新妈妈减小肚腩的不错食材。

晚餐

这道菜有很好的消瘀作用。

助消化　促进肠蠕动

原料：莲藕100克，干黄花菜30克，盐、葱末、高汤、水淀粉各适量。

做法：

1 将莲藕洗净，切片，开水焯烫至熟，捞出沥干；干黄花菜用冷水泡发，掐去老根洗净后沥干。

2 油锅烧热，放入黄花菜煸炒，加入高汤、盐，炒至黄花菜熟透，用水淀粉勾芡后出锅。

3 将莲藕片与黄花菜略拌，撒入葱末即可。

荠菜魔芋汤

营养功效：魔芋食后有饱腹感，可减少食物的摄入量，从而控制热量的摄入，避免脂肪堆积。另外，魔芋中特有的束水凝胶纤维，可以促进肠道的蠕动，有助于新妈妈控制体重。

均衡营养　控制体重

原料：荠菜150克，魔芋100克，姜丝、盐各适量。

做法：

1 荠菜洗净，切段；魔芋洗净，切成条，用热水煮2分钟去味，沥干。

2 锅内加清水、魔芋条、姜丝一同用大火煮沸。

3 下入荠菜段，转中火煮至荠菜熟软，加盐调味即可。

晚餐

产后第 37 天

很多新妈妈在瘦身的过程中会注意减少前期进补的高脂肪食物量，但往往会忽略对糖分的摄入量，其实新妈妈过量摄入糖分，多余糖分就会被转化为脂肪，储存在身体中，使新妈妈长胖。此时，新妈妈可以多吃些富含维生素 B_1 的食物，促进糖分代谢。

新妈妈一日营养食谱搭配推荐

早餐
猪肚粥 1 碗
煮鸡蛋 1 个
牛奶馒头 1 个

上午加餐
燕麦南瓜粥 1 碗
腰果 5 颗

午餐
冬笋冬菇扒油菜 1 份
乌鸡汤 1 碗
牛奶米饭 1 碗

下午加餐
胡萝卜煎饼 1 个
冬瓜蜂蜜汁 1 杯

晚餐
丝瓜虾仁糙米粥 1 碗
海带炖排骨 1 份

- 糖分在体内代谢过程中会消耗多种维生素、矿物质，新妈妈过量摄入糖分，会加重这些营养素流失，不利于新妈妈身体健康。
- 产后新妈妈运动量小，再不加控制地吃甜食，很容易导致糖分过剩，过剩的糖分会转化成脂肪，使新妈妈发胖。

燕麦南瓜粥

早餐

瘦身 补虚

营养功效：燕麦是新妈妈很好的瘦身食材，其中维生素 B_1、维生素 B_2 的含量都较高，有助于糖分、脂肪的代谢。

原料：燕麦、大米各 30 克，南瓜 20 克。

做法：

1 南瓜洗净削皮，切块；大米洗净，清水浸泡 30 分钟。

2 大米放入锅中，加适量水，大火煮沸，转小火煮至大米开花。

3 放入南瓜块、燕麦，用小火将燕麦煮熟透、南瓜熟软即可。

燕麦加南瓜能促进肠胃蠕动、助消化。

冬笋香菇扒油菜

补充营养　预防肥胖

营养功效：这道素菜中富含大量维生素、膳食纤维、钙、磷、铁等营养素，油脂、热量却很少，既可为新妈妈提供身体所需营养素，又能预防肥胖。

原料：油菜 40 克，冬笋、香菇各 30 克，葱花、盐各适量。

做法：

1 油菜去老叶，洗净，切段；香菇洗净，切十字刀；冬笋切片，开水焯烫，去除草酸。

2 油锅烧热，放入葱花爆香，下入冬笋片、冬菇煸炒，倒入少量清水烧制。

3 汤汁收干，放入油菜段，大火炒熟，最后加盐调味即可。

冬瓜蜂蜜汁

下午加餐

均衡营养　去水肿

营养功效：冬瓜膳食纤维丰富，且不含脂肪，有利水消肿的功效，适合产后水肿、便秘的新妈妈食用。

原料：冬瓜 100 克，蜂蜜适量。

做法：

1 冬瓜去皮、去瓤，洗净，切小块。

2 锅中加水，放入冬瓜块煮熟，捞出冬瓜块。

3 将煮熟的冬瓜块和适量温开水放入榨汁机榨汁，去渣取汁，加入蜂蜜即可。

丝瓜虾仁糙米粥

瘦身　美容

营养功效：丝瓜富含 B 族维生素，可美容去皱，虾肉中蛋白质含量丰富，热量很低，搭配食用既可帮助新妈妈瘦身，还有益于新妈妈美容。

原料：丝瓜 50 克，虾仁 40 克，糙米 60 克，盐适量。

做法：

1 糙米清洗，加水浸泡约 1 小时；虾仁洗净；丝瓜去皮洗净，切条；将糙米、虾仁放入锅中，加水煮成粥。

2 将丝瓜条放入粥内煮至丝瓜条熟透，加盐调味即可。

晚餐

产后第 38 天

新妈妈在减肥瘦身的同时，一定也要注意对胃肠的保护，不要让肠胃受到过多的刺激，多喝一些清淡营养的汤、粥。早餐食物以暖、软为主，午餐以营养丰盛的食材为主，晚餐则要清淡、不油腻。

新妈妈一日营养食谱搭配推荐

早餐	上午加餐	午餐	下午加餐	晚餐
油菜豆腐汤 1 碗 猪肉包 1 个 鹌鹑蛋 4 个	枸杞红枣蒸鲫鱼 1 份	什锦果汁饭 1 碗 猪肝菠菜 1 份 红枣莲子乳鸽汤 1 碗	樱桃虾仁沙拉 1 份	鸡脯扒小白菜 1 份 芋头莲藕汤 1 碗 鸡蛋饼 1 块

- 酸奶易于吸收，且含有许多益生菌，对肠道生态平衡有益，热量也较低，适合产后新妈妈瘦身时食用。
- 饮食上，新妈妈尽量做到清淡，多吃温和、易消化的食物，以免加重胃肠负担。

油菜豆腐汤

补钙 润肠胃

营养功效：豆腐含有优质植物蛋白、钙及维生素，有补钙、生肌、润肠胃的功效。

原料：豆腐 50 克，油菜 1 棵，胡萝卜半根，葱花、高汤、盐、香油各适量。

做法：

1 油菜掰开洗净，切成段；豆腐洗净，切成块；胡萝卜洗净，切丝。

2 油锅烧热，放入葱花爆香，下入胡萝卜丝翻炒至熟，加入适量高汤大火煮沸。

3 放入豆腐块烧至浮起，放入油菜段煮熟，加盐调味即可。

早餐

午餐

什锦果汁饭

调理肠胃 补充营养

营养功效：什锦果汁饭食材丰富，既能满足新妈妈对各种营养素的需求，其中的水果又对新妈妈调理肠胃大有益处。

原料：大米 50 克，牛奶 250 毫升，苹果丁、菠萝丁、蜜枣丁、葡萄干、青梅丁、碎核桃仁各 15 克，白糖、水淀粉各适量。

做法：

1 将大米淘洗干净，加入牛奶、适量水煮成饭，盛入碗中备用。

2 将苹果丁、菠萝丁、蜜枣丁、葡萄干、青梅丁、碎核桃仁放入锅内，加适量水、白糖烧沸，加水淀粉制成什锦水果汁，浇在米饭上即可。

樱桃虾仁沙拉

补铁 瘦身

营养功效：樱桃含铁丰富，虾仁是高钙食物，搭配食用能满足产后新妈妈的营养所需，且酸奶沙拉中脂肪含量较少，有利于新妈妈瘦身。

原料：樱桃 6 颗，虾仁 4 个，青椒半个，酸奶适量。

做法：

1 樱桃、青椒分别洗净，去核、去子，切丁；虾仁洗净，切丁。

2 锅中烧水，水沸后放入虾仁丁汆熟，盛出晾凉备用。

3 将上述食材放入盘中，倒入酸奶拌匀即可。

下午加餐

晚餐

这道菜能提高新妈妈的免疫力。

鸡胸肉扒小白菜

补血 养胃

营养功效：鸡肉具有健脾胃、活血脉、强筋骨的功效，是产后新妈妈养胃、补血、增体质的不错食材。

原料：小白菜 300 克，鸡胸肉 200 克，牛奶、鸡汤、盐、葱花、水淀粉各适量。

做法：

1 小白菜去根，洗净，切 10 厘米长段，用开水焯烫一下；鸡胸肉洗净，切小块，沸水汆烫，洗去血沫。

2 油锅烧热，放入葱花爆香，放入鸡胸肉块、小白菜段略微翻炒，加盐调味，倒入鸡汤大火烧开，转中火继续炖煮。

3 待食材熟透，倒入牛奶略煮，用水淀粉勾芡即可。

产后第 39 天

新妈妈不要为了尽早恢复身材而过于偏食素菜，要保证每天摄入足够的蛋白质，做好荤素搭配，不仅有利于吸收蛋白质、铁、钙等营养素，也能起到调节胃肠、促进身体恢复的作用，以避免新妈妈受到便秘、气血不足等困扰。

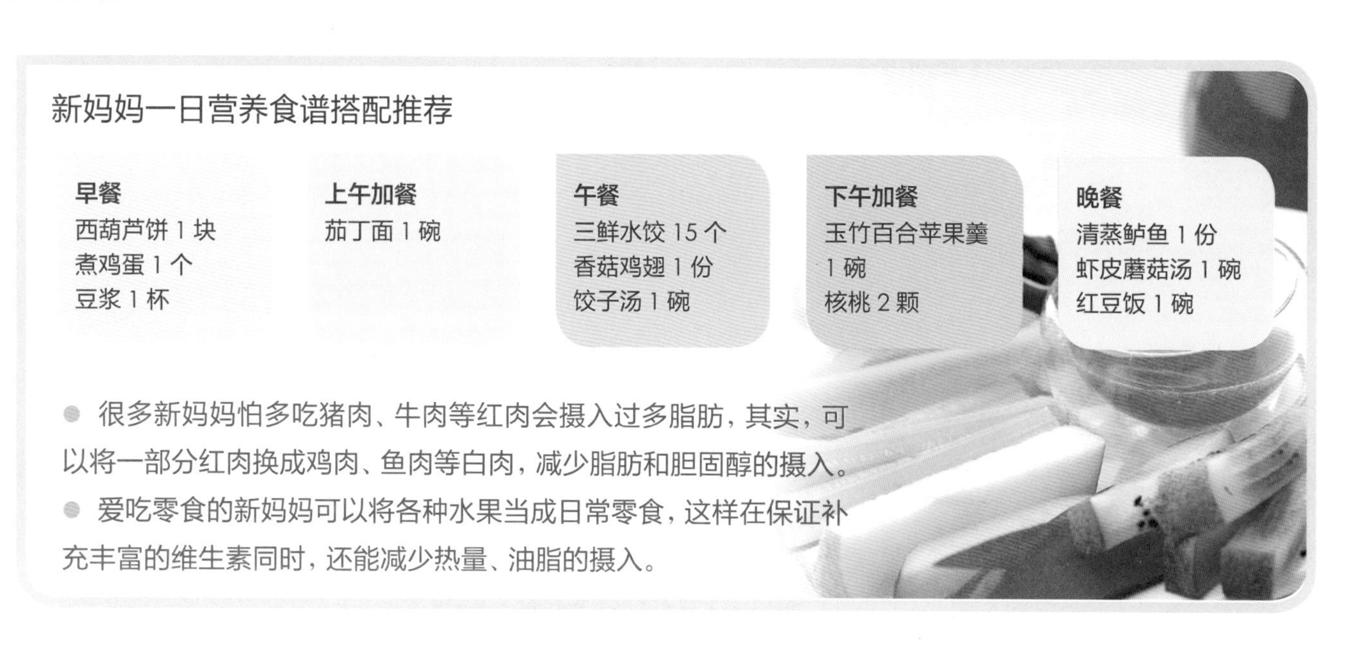

新妈妈一日营养食谱搭配推荐

早餐
西葫芦饼 1 块
煮鸡蛋 1 个
豆浆 1 杯

上午加餐
茄丁面 1 碗

午餐
三鲜水饺 15 个
香菇鸡翅 1 份
饺子汤 1 碗

下午加餐
玉竹百合苹果羹 1 碗
核桃 2 颗

晚餐
清蒸鲈鱼 1 份
虾皮蘑菇汤 1 碗
红豆饭 1 碗

- 很多新妈妈怕多吃猪肉、牛肉等红肉会摄入过多脂肪，其实，可以将一部分红肉换成鸡肉、鱼肉等白肉，减少脂肪和胆固醇的摄入。
- 爱吃零食的新妈妈可以将各种水果当成日常零食，这样在保证补充丰富的维生素同时，还能减少热量、油脂的摄入。

西葫芦饼

利尿 瘦身

营养功效：西葫芦富含可溶性膳食纤维及维生素，有清热利尿、消肿散结的功效，能帮助产后新妈妈瘦身。

原料：面粉 100 克，西葫芦 80 克，鸡蛋 2 个，盐适量。

做法：

1. 鸡蛋打散，加盐调味；西葫芦洗净，擦丝。
2. 西葫芦丝放进蛋液里，加入面粉和适量水，搅拌均匀成黏度适合的面糊。
3. 油锅烧热，将面糊放进锅中，铺平，煎至两面金黄即可。

西葫芦能调节人体代谢，有减肥的效果。

茄子食用时不宜油炸、去皮。

茄丁面

营养功效：茄丁热量低且富含维生素 B_2，可以促进脂肪代谢，帮助新妈妈产后瘦身。

促进新陈代谢　瘦身

原料：面条 100 克，红椒、茄子各 30 克，葱花、酱油、盐各适量。

做法：

1 红椒、茄子洗净，切丁。

2 将红椒丁、茄子丁放入锅内翻炒至红椒丁、茄子丁微软，放入酱油和盐调味，再加入适量水调成汤煮开。

3 另起一锅，锅中放水烧开，将面条放入开水中煮熟，出锅装碗。

4 将炒好的茄子淋在面条上，撒上葱花即可。

三鲜水饺

营养功效：饺子馅中食材荤素搭配，营养丰富，可满足产后新妈妈对多种营养素的摄入需求。

均衡营养　补充体力

原料：猪肉 100 克，海参 50 克，虾仁、水发木耳各 20 克，饺子皮 15 张，葱末、姜末、香油、酱油、盐各适量。

做法：

1 水发木耳洗净，切碎；海参洗净，切碎；虾仁、猪肉洗净，一起剁成碎末，加适量清水，顺时针搅打成黏稠的虾仁猪肉馅。

2 将海参碎、木耳碎放入虾仁猪肉馅中，放入酱油、盐、葱末、姜末和香油，拌匀成饺子馅。

3 饺子皮包上馅料，捏成饺子，下锅煮熟即可。

香菇鸡翅

营养功效：鸡翅对改善皮肤有帮助，配合能够促进新陈代谢的香菇同吃，是新妈妈瘦身、美容的不错选择。

美容 瘦身

原料：鸡翅4个，水发香菇8朵，鸡汤、酱油、盐、葱花、姜末各适量。

做法：

1 鸡翅洗净，用酱油腌制片刻；水发香菇洗净切厚片，在锅中过油炒一下，捞出备用。

2 另起油锅烧热，放入姜末爆香，倒入鸡翅煎至两面金黄色，加入适量鸡汤烧开。

3 将鸡翅和鸡汤盛入砂锅内，放入香菇片，用小火焖熟，收干汤汁，加盐调味，盛出撒入葱花即可。

玉竹百合苹果羹

营养功效：玉竹是一味养阴生津的良药，玉竹中所含的维生素A能改善干裂、粗糙的皮肤状况，苹果热量较低，吃后新妈妈饱腹感较强，玉竹百合苹果羹对新妈妈有美容、瘦身的作用。

美容 瘦身

原料：玉竹、鲜百合各20克，红枣7颗，陈皮6克，苹果100克。

做法：

1 红枣洗净；苹果去皮、去核，切丁；鲜百合洗净，掰成片；玉竹、陈皮洗净，切丁。

2 锅中放适量水，下玉竹丁、百合片、红枣、陈皮丁、苹果丁煮开，用中火煮约2小时即可。

百合有滋养安神的作用。

淡水鱼中含 DHA 较高，清蒸鲈鱼最补脑。

清蒸鲈鱼

营养功效：鲈鱼的口感清爽，营养价值很高，脂肪含量低，也可促进乳汁分泌，是哺乳妈妈增加营养又不会长胖的美食。

瘦身 催乳

原料：鲈鱼 1 条，姜丝、葱丝、香菜叶、盐、蒸鱼豉油各适量。
做法：

1 将鲈鱼去鳞、去鳃、去内脏，洗净，两面划几刀，抹匀盐后放盘中腌 5 分钟。

2 将葱丝、姜丝铺在鱼身上，上锅隔水蒸 15 分钟出锅，淋适量蒸鱼豉油，撒上香菜叶即可。

红豆饭

营养功效：红豆既可补血，又可利水消肿，与大米同煮成红豆饭是新妈妈瘦身时的不错主食。

补血 利尿

原料：红豆 30 克，大米 40 克。
做法：

1 红豆、大米洗净，浸泡一夜，再将浸泡的水去掉，用清水冲几遍。

2 锅中放入适量水，再放入红豆、大米同煮成饭。

红豆可帮助新妈妈消肿胀、通乳汁。

产后第 40 天

产后新妈妈不要食用过于油腻的食物，像肥肉、板油等高油、高热的食物应尽量少食，以免引起肥胖及消化不良。同理，炸花生米、炸虾等油炸类食物也不宜吃，食物的营养在油炸过程中已经损失很多，不仅不能给新妈妈增加营养，还会增肥和加重胃肠负担。

新妈妈一日营养食谱搭配推荐

早餐
泥鳅红枣汤 1 碗
青菜饭团 1 个

上午加餐
滑蛋牛肉粥 1 碗
香蕉 1 根

午餐
清蒸虾 1 份
炒馒头 1 份
青菜汤 1 碗

下午加餐
白萝卜海带汤 1 碗

晚餐
鳗鱼饭 1 碗
鱼丸蘑菇汤 1 碗

- 油腻的食物可以为新妈妈及时补充热量，但并不适于本周已经不需要大量进补的新妈妈了，如果还是大量食用油腻食物，很容易长胖。
- 新妈妈可以多采用蒸、煮、炖、氽、拌等少油的烹调方法，以此减少油脂的摄入。

泥鳅红枣汤

健脾胃 养血

营养功效：泥鳅蛋白质含量较高而脂肪较低，新妈妈不用怕长胖，而且泥鳅能暖脾健胃，红枣补气养血，一起食用能增强新妈妈体力。

原料：泥鳅 2 条，红枣 12 颗，姜片、盐各适量。

做法：

1 泥鳅处理后洗净，切段；烧开水，把泥鳅放进约六七成热的水中，氽烫去掉黏液，再洗去血沫；红枣洗净，备用。

2 把洗好的泥鳅段放进油锅中煎香，加姜片、红枣和适量水大火烧开。

3 转小火煮 20~30 分钟，加盐调味即可。

午餐

清蒸虾

营养功效：虾的蛋白质、钙含量丰富，适用于产后肾虚乏力、钙摄入不足的新妈妈食用。

补钙 补虚

原料：虾 6 只，葱花、姜、高汤、醋、酱油、香油各适量。

做法：

1 虾洗净，去须，去虾线；姜洗净，一半切片，一半切末。

2 将虾摆在盘内，加入葱花、姜片和高汤，上笼蒸 10 分钟左右。

3 拣去姜片，将虾装盘，用醋、酱油、姜末和香油兑成汁，供蘸食。

白萝卜海带汤

营养功效：海带能够促进新妈妈对钙的吸收，同时减少脂肪在体内的积存，是新妈妈产后补钙、瘦身的好食材。

补钙 瘦身

原料：海带 50 克，白萝卜 100 克，盐适量。

做法：

1 海带泡发洗净，切丝；白萝卜去皮，切丝。

2 将海带丝、白萝卜丝一同放入锅中，加适量清水，大火煮沸后转小火慢煮至海带熟透。

3 出锅时加入盐调味即可。

下午加餐

鳗鱼饭

营养功效：鳗鱼具有补虚强身的作用，适于产后虚弱的新妈妈食用，同时还能促进泌乳。

增强体质 瘦身

原料：鳗鱼 1 条，竹笋 50 克，油菜 20 克，米饭 1 碗，盐、白糖、酱油、高汤各适量。

做法：

1 鳗鱼洗净，切段，放盐腌制半小时；竹笋、油菜洗净，竹笋切片，油菜切段。

2 把腌好的鳗鱼段放入烤箱里，温度调到 180°C 烤熟。

3 油锅烧热，放入竹笋片、油菜段略炒，再放入烤熟的鳗鱼段，加高汤、白糖、酱油，待汤几乎收干，浇在米饭上即可。

鳗鱼的皮、肉都含有丰富的胶原蛋白，可以养颜美容。

晚餐

产后第 41~42 天

马上要出月子了，这时候瘦身方式很重要，绝不能采取盲目节食的方法。产后所增加的体重，主要是水分和脂肪，新妈妈应吃些利水消肿和促进脂肪代谢的食物，此外还要注意饮食合理搭配，每天保证摄入足量的热量。

新妈妈一日营养食谱搭配推荐

早餐	上午加餐	午餐	下午加餐	晚餐
鱼丸苋菜汤 1 碗 豆沙包 1 个 煮鸡蛋 1 个	冬瓜海米汤 1 碗 蒸南瓜 1 块	豆芽木耳汤 1 碗 拌绿豆芽 1 份 什锦面 1 碗	竹荪红枣茶 1 碗 苹果 1 个	薏米绿豆粥 1 碗 菠菜鱼片汤 1 碗 肉末炒胡萝卜丝 1 份

- 饮食中新妈妈一定要注意盐分的摄取不宜过多，否则容易导致水分积存，出现水肿情况。
- 非哺乳妈妈要控制好饮水量，过量饮水会加重水肿的状况，另外，晚上睡觉之前也最好少饮水。

鱼丸苋菜汤

补血 瘦身

营养功效：鲤鱼肉脂肪含量极少，苋菜具有补血、生血等功效，在帮助新妈妈补血的同时，也可预防肥胖。

原料：鲤鱼净肉 200 克，苋菜 20 克，高汤、枸杞子、盐、香油各适量。

做法：

1 将苋菜择好，洗净，切段；鲤鱼净肉洗净，剁成鱼肉蓉。

2 锅中煮开高汤，手上沾水，把鱼肉蓉搓成丸子，放入高汤内煮 3 分钟。

3 再加入苋菜段和枸杞子略煮，最后加盐调味，淋入香油即可。

苋菜不宜与山葵、甲鱼同食，否则易中毒。

早餐

上午加餐

冬瓜海米汤

降脂 瘦身

营养功效：冬瓜有减肥降脂的作用，是产后新妈妈瘦身的营养食物。

原料：冬瓜 50 克，木耳、海米各 30 克，鸡蛋 1 个，香菜叶、葱花、香油、盐各适量。

做法：

1 冬瓜去皮，去瓤，洗净，切片；海米泡发；鸡蛋打散；木耳泡发，撕成小朵。

2 油锅烧热，放葱花爆香，下海米略炒，再倒入冬瓜片翻炒片刻。

3 加入适量水烧开，放入木耳用大火煮开，加盐调味。

4 倒入打散的鸡蛋液煮至食材全熟，撒上香菜叶，淋上香油即可。

豆芽木耳汤

促进脂肪代谢 瘦身

营养功效：木耳中富含维生素 B_2，维生素 B_2 可以促进脂肪的新陈代谢，木耳还含有丰富的膳食纤维和一种特殊的植物胶质，这两种物质能够促进胃肠的蠕动，有助于新妈妈瘦身。

原料：黄豆芽 50 克，木耳 10 克，西红柿 1 个，高汤、盐各适量。

做法：

1 西红柿的外皮轻划十字刀，放入沸水中略烫，去皮，切块；木耳泡发后切条。

2 油锅烧热，放入黄豆芽翻炒，加入高汤，放入木耳条、西红柿块，用中火煮至食材熟透，加盐调味即可。

经常吃黄豆芽能减少体内乳酸堆积，有助于消除疲劳。

拌绿豆芽

营养功效：绿豆芽所含的热量很低，且有消脂通便的功效，适宜产后瘦身的新妈妈用以补充营养、消耗体内脂肪。

补营养　消脂

这道菜热量低，含丰富膳食纤维，有美容排毒、消脂通便的功效。

原料：绿豆芽 30 克，青椒半个，银耳 5 克，盐、醋、白糖、香油各适量。

做法：

1. 绿豆芽洗净；青椒洗净，去蒂、去子，切丝；银耳泡发，掰小朵。
2. 在锅中放入适量清水，水沸后把绿豆芽、青椒丝、银耳放入锅中，焯熟捞出沥水。
3. 在银耳、青椒丝、绿豆芽中放入盐、白糖、醋、香油拌匀即可。

竹荪红枣茶

营养功效：竹荪有补气养阴、清热利湿的功效，能降低体内胆固醇，还能降血脂、减少腹壁脂肪的堆积，帮助新妈妈达到瘦身的目的。

补气养阴　消热利湿

原料：竹荪 50 克，红枣 6 颗，莲子 10 克，冰糖适量。

做法：

1. 竹荪用清水浸泡 1 小时至完全泡发，用剪刀剪去两头，洗净泥沙，放在热水中煮 1 分钟，捞出，沥干水；莲子洗净去心；红枣洗净，去掉枣核。
2. 将竹荪、莲子、红枣肉一起放入锅中，加清水大火煮沸后转小火再煮 20 分钟，加入适量冰糖调味即可。

红枣应避免与海鲜同吃，以免引起身体不适。

薏米绿豆粥

营养功效：绿豆、薏米、山楂都具有清热解毒、利水消肿、去脂减肥的作用，可以帮助新妈妈产后瘦身。

清热解毒 去脂减肥

绿豆性寒，不能长期食用。

原料：大米 30 克，绿豆 20 克，薏米 10 克，山楂片、白糖各适量。

做法：

1 绿豆、大米、薏米分别洗净，浸泡 1 小时；山楂片洗净，备用。

2 锅中加适量清水，放入绿豆、大米、薏米一同用大火煮沸。

3 加入山楂片用小火继续煮至粥稠，加入白糖调味即可。

菠菜鱼片汤

营养功效：鲤鱼可利水消肿、有助于新妈妈消除水肿、腹胀，而且鲤鱼中脂肪含量较少，可避免新妈妈脂肪堆积。

去水肿 减脂

原料：鲤鱼 1 条，菠菜 100 克，葱段、姜片、盐各适量。

做法：

1 将鲤鱼处理干净，清洗后切成薄片，用盐腌 20 分钟；菠菜洗净，切段。

2 油锅烧至五成热时，下入姜片、葱段，爆出香味，再下鱼片略煎。

3 加入适量清水，用大火煮沸后改用小火煮 20 分钟，投入菠菜段煮熟，加盐调味即可。

此汤含有丰富蛋白质，有增乳、通乳的功效。

PART 1
产后常见不适的食疗方

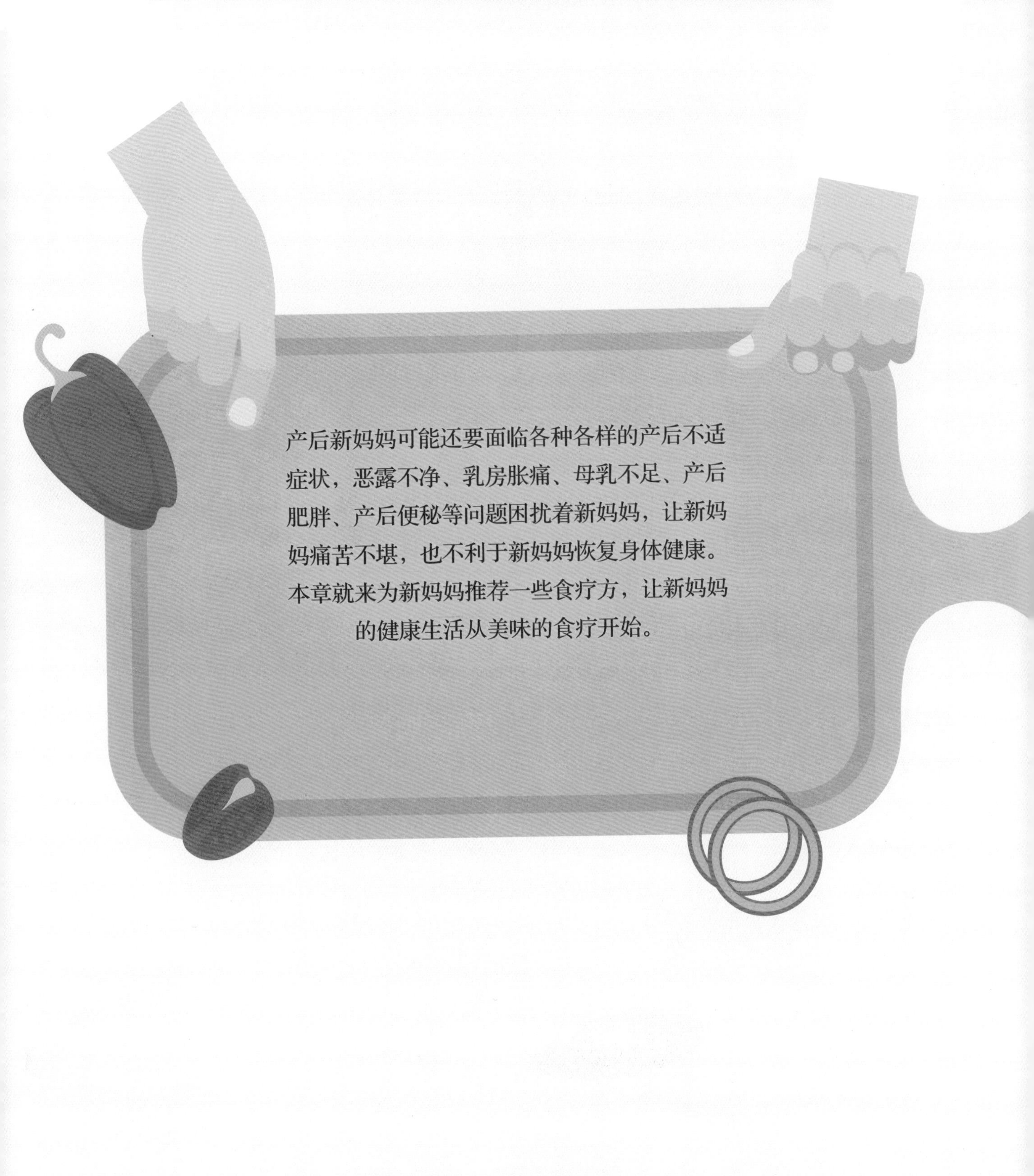

产后新妈妈可能还要面临各种各样的产后不适症状，恶露不净、乳房胀痛、母乳不足、产后肥胖、产后便秘等问题困扰着新妈妈，让新妈妈痛苦不堪，也不利于新妈妈恢复身体健康。本章就来为新妈妈推荐一些食疗方，让新妈妈的健康生活从美味的食疗开始。

助排恶露

恶露是由胎盘剥落后的血液、黏液、坏死蜕膜等组织组成。排出的恶露会随时间的推移有所变化，从色泽鲜红没有臭味的血性恶露转化为颜色稍淡的浆性恶露，在一两周后会变为白色或淡黄色的白恶露。恶露一般持续 2~4 周，新妈妈可以通过合理饮食来促进恶露排出。

桃仁枸杞子紫米粥

营养功效：桃仁有润燥活血的功效，紫米有补血益气的功效，两者搭配枸杞子一同食用，美味的同时，也可帮助排出恶露。

原料：桃仁 15 克，枸杞子 10 克，紫米 30 克。
做法：

1 桃仁、紫米、枸杞子分别洗净。
2 锅中加水，放入桃仁和洗好的紫米、枸杞子同煮。
3 待大火烧开后转小火熬煮，至米烂粥稠即可。

山楂红糖饮

营养功效：山楂可以活血散瘀，红糖有补血化瘀的功效，此饮品可以促进恶露排出。

原料：山楂 4 颗，红糖适量。
做法：

1 山楂洗净去核，切成薄片，晾干备用。
2 锅中加适量清水，放入山楂片用大火煮至熟烂。
3 加红糖煮 3 分钟即可。

阿胶鸡蛋羹

营养功效：阿胶具有补血、止血的功效，阿胶鸡蛋羹既可养生又可止血。

原料：鸡蛋 2 个，阿胶 10 克，盐适量。
做法：

1 将鸡蛋磕入碗中，打散；阿胶打碎。
2 把阿胶碎放入鸡蛋液中，加入盐和适量清水，搅拌均匀。
3 将搅匀的鸡蛋液上锅，用大火隔水蒸熟即可。

催乳

如果新妈妈乳汁分泌不足，首先要调节心理和生理状态，让身体得到充足的休息，保持良好的心态，对提升母乳的质与量大有好处。此外，新妈妈也可以多吃些营养丰富的食物和汤类，以促进乳汁分泌和提高乳汁质量，满足宝宝身体发育的需求。

黄豆猪蹄汤

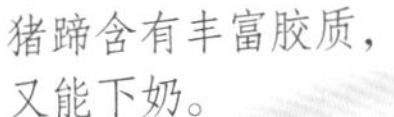
猪蹄含有丰富胶质，又能下奶。

营养功效：猪蹄有通乳的功效，可防治产后气血不足，乳汁缺乏。

原料：猪蹄 1 只，黄豆、花生各 50 克，葱段、姜片、盐各适量。

做法：

1 花生、黄豆洗净；猪蹄洗净，切小块备用。

2 将猪蹄块放入锅内加清水煮沸，撇去浮沫。

3 将黄豆、花生、葱段、姜片放入锅内，转小火继续炖至猪蹄块软烂，拣去葱段、姜片，加盐调味即可。

牛奶鲫鱼汤

营养功效：鲫鱼有通乳功效，适宜产后乳汁缺少的新妈妈食用。

原料：鲫鱼 1 条，牛奶 50 毫升，葱花、盐各适量。

做法：

1 将鲫鱼去鳞、去鳃、去内脏，洗净后擦干水。

2 下入油锅略煎，加入葱花、盐及适量水，小火炖煮至汤白。

3 加入牛奶，再煮开即可。

鲜鲤鱼汤

营养功效：鲤鱼可以很好地促进乳汁的分泌，而且鲤鱼中富含营养素，如谷氨酸、维生素 C、钙等，能使宝宝更强壮。

原料：鲤鱼 1 条，红枣 6 颗，姜片、盐各适量。

做法：

1 鲤鱼去鳞、去鳃、去内脏，洗净，用沸水氽烫；红枣洗净。

2 将砂锅注水烧开，放入鲤鱼、红枣、姜片及盐，小火煮 15~20 分钟即可。

缓解乳房胀痛

新妈妈在产后两三天会分泌大量乳汁，如果乳汁分泌过多，又没有及时排出，就会出现明显的乳房胀痛。长时间的乳汁淤积不仅会让新妈妈感到乳房疼痛，还很容易引起乳腺炎。因此，除了让宝宝多吸吮、排出多余乳汁外，新妈妈还可以通过食疗来缓解乳房胀痛。

胡萝卜炒豌豆

营养功效：豌豆有通乳消胀的作用，可缓解新妈妈产后乳房胀痛、乳汁不下的症状。

原料：胡萝卜 50 克，豌豆 20 克，姜片、盐各适量。
做法：

1 胡萝卜去皮洗净，切成与豌豆大小相近的小丁。
2 将胡萝卜丁、豌豆放入开水中焯烫一下。
3 油锅烧热，放入姜片炒香，放入胡萝卜丁、豌豆煸炒至熟，调入盐，翻炒均匀即可。

花椒红糖饮

营养功效：花椒有止痛功效，此汤可帮助非哺乳妈妈回奶，减轻乳房胀痛。

原料：花椒、红糖各 30 克。
做法：

1 花椒用清水浸泡 1 小时。
2 将花椒与泡花椒水一同倒入锅中，大火煮 10 分钟。
3 盛出加红糖即可。

丝瓜炖豆腐

营养功效：丝瓜可预防产后乳汁淤积，还可预防产后乳腺炎的发生。

原料：丝瓜 100 克，豆腐 50 克，高汤、盐、葱花、香油各适量。
做法：

1 豆腐洗净，切小块，焯烫一下；丝瓜去皮，切小块。
2 油锅烧热，放入丝瓜块煸炒至发软，放入高汤、盐大火烧开。
3 下入豆腐块，转小火约炖 10 分钟，豆腐块鼓起就可关火，撒上香油及葱花后盛出即可。

补血

新妈妈在分娩过程中及产后都会或多或少地失血，可能造成贫血或加重新妈妈的贫血程度，产后及时、合理补血至关重要。通过健康的饮食可以达到很好的补血效果。新妈妈可适当多食用含铁较多的食物，如动物肝脏、肉类、海带、红枣、菠菜等食物。

三色补血汤

营养功效：此汤清热补血、养心安神，是新妈妈补血养颜的佳品。

原料：南瓜 50 克，银耳 10 克，莲子 7 颗，红枣 5 颗，红糖适量。

做法：

1 南瓜洗净，去皮、去子，切成小块；莲子去心；红枣洗净去核；银耳泡发后去蒂，撕成小朵。

2 将南瓜块、莲子、红枣、红糖、银耳和适量的水一起放入砂煲中，大火烧开后慢慢煲煮，煮至南瓜软烂、汤汁浓稠即可。

猪肝红枣粥

营养功效：猪肝、红枣和菠菜都是补血佳品，大米也有促进血液循环的功效。

原料：猪肝 100 克，红枣 6 颗，菠菜、大米各 50 克，盐适量。

做法：

1 猪肝洗净，切厚片；红枣洗净；菠菜洗净，切成段；大米洗净，用清水浸泡 1 小时。

2 将大米、清水放入锅内，大火煮沸转小火煮成粥。

3 将猪肝片、红枣放入锅内煮至猪肝熟透，放入菠菜段稍煮，加盐调味即可。

红枣百合汤

营养功效：红枣是补血佳品，百合有镇静安眠的作用，红枣百合汤既补血又能使新妈妈得到充分休息，有助于新妈妈产后恢复。

原料：鲜百合 20 克，红枣 10 颗，枸杞子适量。

做法：

1 鲜百合洗净，掰成片；红枣、枸杞子分别洗净。

2 将鲜百合片、红枣、枸杞子及清水放入锅中，大火煮开，转小火继续熬煮 30 分钟即可。

补钙

产后哺乳妈妈需要保证乳汁中含足量的钙，以满足宝宝成长需要，因此每天大约需摄取 1 200 毫克钙。如果不及时补钙，很容易引起宝宝牙齿松动、骨质疏松和佝偻病等。新妈妈可以通过喝牛奶、吃豆制品等来补钙，还要吃些新鲜水果，促进钙质吸收。

芋头排骨汤

营养功效：排骨中的磷酸钙、骨胶原等，可为新妈妈提供大量优质钙。

原料：排骨 250 克，芋头 150 克，姜片、盐各适量。
做法：

1 芋头去皮、洗净，切成块；排骨洗净，切成 4 厘米长的段。

2 芋头块上锅隔水蒸 10 分钟；排骨段放入沸水中汆烫，洗去血沫。

3 将排骨段、姜片、适量清水放入锅中，用大火煮沸后转中火焖煮 15 分钟，拣出姜片，小火继续慢煮 45 分钟。

4 出锅前 10 分钟加入芋头块同煮，加盐调味即可。

芋头有美容养颜、乌黑头发的作用。

南瓜虾皮汤

营养功效：虾皮中含钙量丰富，还有通乳功效，适合产后新妈妈食用。

原料：南瓜 200 克，虾皮 20 克，葱花、盐各适量。
做法：

1 南瓜去皮、去瓤，切成块。

2 油锅烧热，放入南瓜块翻炒，加清水将南瓜煮熟。

3 出锅时加盐调味，再放入虾皮、葱花即可。

胡萝卜虾泥馄饨

营养功效：萝卜不含草酸，不会影响钙的吸收。

原料：馄饨皮 15 张，鸡蛋 1 个，胡萝卜、虾仁、鲜香菇各 20 克，葱花、姜末、虾皮、盐各适量。
做法：

1 胡萝卜洗净剁碎；鲜香菇和虾仁洗净后剁碎；鸡蛋打成蛋液。

2 油锅烧热，放入葱花、姜末炒香，下胡萝卜碎煸炒；另起油锅烧热，放入鸡蛋液炒熟。

3 将上述食材和盐混合，做成馅，包入馄饨皮中。

4 下锅煮熟后盛出，加盐、葱花、虾皮、香油即可。

瘦身

新妈妈在孕期、坐月子期间，为了保证自己及宝宝的营养而进行进补，很容易引发“产后肥胖症”。新妈妈可以在产后 6 周开始采取饮食调养的方式来科学、健康瘦身，如多吃蔬菜、水果，少吃脂肪含量高的食物。哺乳妈妈每天摄入量不应低于 2 000 千卡，非哺乳妈妈应控制在 1 800 千卡以内。

魔芋菠菜汤

营养功效：魔芋既可促进肠道的蠕动、清除肠壁的废物，也可填充胃肠，消除饥饿感，排毒的同时也能达到减肥的目的。

原料：菠菜 100 克，魔芋 60 克，胡萝卜丝、姜丝、盐各适量

做法：

1 菠菜择洗干净，切段；魔芋洗净，切成条，用水煮 2 分钟去味。

2 将魔芋条、菠菜段、胡萝卜丝、姜丝放入锅内，加清水大火煮沸，转中火煮至全部食材熟软。

3 出锅前加盐调味即可。

魔芋菠菜汤，让新妈妈在补铁的同时，达到瘦身目的。

芹菜茭白汤

营养功效：茭白水分高、热量低，食用后会有饱腹感，是新妈妈产后瘦身的理想食物。

原料：茭白 100 克，芹菜 50 克。

做法：

1 茭白洗净，去皮，切条；芹菜洗净，择去芹菜叶，切段。

2 将茭白条、芹菜段及 2 碗水放入锅中，煮至剩 1 碗水，饮用即可。

海带烧黄豆

营养功效：海带可降血脂，有助于减肥，另外，海带表面含甘露醇，有利尿作用，可缓解水肿。

原料：海带 80 克，黄豆、红椒丁各 30 克，葱末、姜末、水淀粉、高汤、盐各适量。

做法：

1 将海带泡发洗净，切丝；黄豆洗净，浸泡 2 小时。

2 把海带和黄豆分别焯熟，捞出沥干。

3 油锅烧热，放葱末、姜末爆香，下海带煸炒，加入高汤、黄豆、盐，小火烧至汤汁快收干时放入红椒丁，翻炒均匀，用水淀粉勾芡即可。

预防产后便秘

新妈妈以产后两三天内排便为宜，如出现大便数日不行或排便时干燥疼痛、难以解出的情况，就是遇到产后便秘了，可以食用一些润肠通便的食物来缓解和改善产后便秘。另外，新妈妈多吃些富含膳食纤维的蔬菜、水果，能起到预防产后便秘的作用。

蜜汁山药条

营养功效：蜂蜜可促进肠道蠕动，黑芝麻可润肠通便，此菜可预防、缓解便秘。

原料：山药 50 克，熟黑芝麻 10 克，蜂蜜、冰糖各适量。
做法：

1 山药去皮洗净，切成条。
2 山药条入沸水焯熟，捞出码盘。
3 锅中加水，放入冰糖，小火烧至冰糖完全溶化，倒入蜂蜜，熬至开锅冒泡，将蜜汁均匀浇在山药上，撒上熟黑芝麻即可。

山药具有滋养强壮、助消化的作用，可帮助新妈妈减肥瘦身。

蒜蓉蒿子杆

营养功效：蒿子杆富含膳食纤维，能助消化、降低胆固醇，新妈妈常吃蒿子杆对消除肺热、脾胃不和及便秘非常有益。

原料：蒿子杆 100 克，蒜蓉、盐各适量。
做法：

1 将蒿子杆洗净，沥干。
2 油锅烧热，放入蒜蓉爆香，下入蒿子杆、盐略炒即可。

菊瓣银耳羹

营养功效：银耳有润肠益胃、补气和血等功效，适合于便秘的新妈妈食用。

原料：橘子 2 个，水发银耳 20 克，冰糖适量。
做法：

1 水发银耳择去老根，撕成小朵；橘子去皮，剥好橘瓣。
2 锅置火上，放入银耳、适量的水，小火煮至银耳软烂。
3 放入橘瓣和冰糖，用小火继续煮 5 分钟即可。

抗产后抑郁

产后抑郁是由于体内激素、社会角色及心理变化所带来的身体、情绪、心理等一系列变化产生的，它不仅给新妈妈带来痛苦，也会影响宝宝的生长发育。新妈妈可以多吃一些抗抑郁的食物来预防、缓解产后抑郁症，比如香蕉、花生、全麦、新鲜绿叶蔬菜、蘑菇等。

菠菜鸡煲

营养功效：菠菜可预防新妈妈精神抑郁、失眠等产后精神不适。

原料：鸡半只，菠菜 100 克，鲜香菇 30 克，葱末、姜末、冬笋、蚝油、酱油、白糖、盐各适量。

做法：

1 鸡、鲜香菇洗净，分别切成小块；菠菜洗净，焯烫，切段；冬笋切片，焯烫。

2 油锅烧热，放入葱末、姜末爆香，加入鸡块、香菇块、冬笋片、蚝油翻炒至熟，放盐、白糖、酱油调味。

3 砂锅中以菠菜段铺底，将炒熟的食材倒入即可。

菠菜鸡煲蛋白质含量高，易消化吸收，有增强体力、强壮身体的作用。

香蕉煎饼

营养功效：香蕉是产后新妈妈的“快乐水果”，能有效预防和缓解产后焦虑和抑郁。

原料：香蕉 1 根，鸡蛋 1 个，面粉 1 杯，玉米面半杯，黄油、白糖各适量。

做法：

1 面粉和玉米面混合，加清水、白糖和鸡蛋，拌匀成面糊。

2 香蕉去皮，捣碎，放面糊中拌匀。

3 锅中加黄油烧化，放面糊煎熟即可。

蜂蜜芝麻糊

营养功效：黑芝麻富含 B 族维生素，能预防和缓解产后抑郁的症状。

原料：黑芝麻 50 克，蜂蜜 1 匙。

做法：

1 将黑芝麻放入无水无油的锅中用小火炒熟。

2 将炒好的黑芝麻放入榨汁机中搅打成黑芝麻粉；锅中加水烧开，加入黑芝麻粉边搅边煮成糊状。

3 盛出晾温加入蜂蜜，搅拌均匀即可。

附录　坐月子期间慎用食品一览表

类别	食品	慎用原因
调味品、中药	辣椒	新妈妈多食容易伤津耗气损血，加重气血虚弱，容易导致便秘。哺乳妈妈食用，会通过乳汁影响宝宝健康。
	胡椒	胡椒是刺激性调味品，会阴侧切的顺产妈妈和剖宫产妈妈食用不利于伤口愈合。
	味精	随乳汁进入宝宝体内，容易导致宝宝缺锌，出现味觉减退、厌食等症。
	咖喱	咖喱有一定刺激性，不利于排毒，也易造成大便干燥。此外，还会影响哺乳妈妈的乳汁质量，不利于宝宝健康。
	大料	大料是热性调味品，新妈妈多食会导致上火。
	花椒	花椒有回乳功效，哺乳妈妈在哺乳期都要慎食。非哺乳妈妈也不宜多吃，避免上火。
	小茴香	小茴香是回乳食材，单独食用能够减少泌乳量，哺乳妈妈应慎食。
	人参	产后新妈妈要慎用人参，因为人参会加速血液循环，导致新妈妈出现失眠、烦躁、心神不宁等症状，不利于产后静养恢复身体。
饮料	酒	新妈妈产后饮酒，会导致子宫收缩不良、恶露不净。
	咖啡	咖啡中含有刺激性的咖啡因，能够刺激新妈妈的中枢神经，不利于新妈妈的睡眠及休养，不利于新妈妈的恢复。哺乳妈妈喝咖啡，咖啡因还会通过乳汁传递给宝宝，易导致宝宝出现夜啼、烦躁不安等症状。
	浓茶	哺乳妈妈应慎食，浓茶中的鞣酸经由胃黏膜进入血液后会起到收敛作用，影响乳汁分泌，而且其中的咖啡因也会影响到宝宝，致使宝宝兴奋、少眠。
	碳酸饮料	碳酸饮料会影响钙的吸收，加重产后新妈妈体内钙流失。另外，其中含有咖啡因，哺乳妈妈喝后会导致宝宝出现烦躁不安、兴奋等症状。

类别	食品	慎用原因
蔬果、海鲜	韭菜	韭菜味辛，伤津耗液，容易使新妈妈上火，导致口舌生疮、大便秘结和痔疮发作。哺乳妈妈食用，有回乳的作用，还会使宝宝内热加重。
	苦瓜	苦瓜属性寒凉的食物，不适宜新妈妈在月子中食用。
	柿子	柿子味甘，性寒，气虚、产后虚弱、外感风寒的新妈妈要慎食，避免影响产后身体恢复。
	柚子	柚子性寒，身体虚寒的新妈妈慎食。
	橘子	橘子性温，但多吃易上火，不适宜产后肠胃功能欠佳的新妈妈食用。
	西瓜	西瓜性寒，易损伤脾胃，不适宜身体虚弱的新妈妈食用。炎热的夏天，身体健康的新妈妈可以少吃，但也要经过加热再食用。
	螃蟹	螃蟹性寒且很容易引起新妈妈、宝宝过敏，哺乳妈妈和非哺乳妈妈都应慎食。
零食	乌梅、话梅	乌梅、话梅会阻滞血行，不利于恶露排出。而且这类加工食品味酸，且含有大量盐分和添加剂，不利于新妈妈健康。
	糖果	新妈妈吃糖果，不仅吃进了色素，还吃进了大量糖分，不仅不利于牙齿健康，过剩的糖分还会在体内转化成脂肪，使新妈妈发胖。
	雪糕、冰激凌	食用雪糕、冰激凌等冰凉的食物，会导致新妈妈损伤脾胃、腹痛、宫寒，甚至引起妇科疾病等不良后果，新妈妈一定要忌食。
其他	过咸食品	新妈妈食用过咸食物会导致身体水肿。
	油炸食品	油炸食品不仅含有大量油脂，易导致新妈妈肥胖，还会引起消化不良，新妈妈应慎食。
	熏烤食品	熏烤食物含有大量亚硝胺化合物及致癌物质，危害新妈妈和宝宝的健康。

图书在版编目（CIP）数据

坐月子一日三餐 / 杨桂莲主编 . -- 南京：江苏凤凰科学技术出版社，2017.5（2018.6 重印）
（汉竹•亲亲乐读系列）
ISBN 978-7-5537-8018-4

Ⅰ . ①坐… Ⅱ . ①杨… Ⅲ . ①产妇－妇幼保健－食谱 Ⅳ . ① TS972.164

中国版本图书馆 CIP 数据核字 (2017) 第 031135 号

中国健康生活图书实力品牌

坐月子一日三餐

主　　编	杨桂莲
编　　著	汉　竹
责任编辑	刘玉锋　张晓凤
特邀编辑	李佳昕　苑　然　张　瑜　张　欢
责任校对	郝慧华
责任监制	曹叶平　方　晨
出版发行	江苏凤凰科学技术出版社
出版社地址	南京市湖南路 1 号 A 楼，邮编：210009
出版社网址	http：//www.pspress.cn
印　　刷	南京新世纪联盟印务有限公司
开　　本	715 mm × 868 mm　1/12
印　　张	16
字　　数	150 000
版　　次	2017 年 5 月第 1 版
印　　次	2018 年 6 月第 5 次印刷
标准书号	ISBN 978-7-5537-8018-4
定　　价	39.80 元